WILEY

国外油气勘探开发新进展丛书
GUOWAIYOUQIKANTANKAIFAXINJINZHANCONGSHU

RESERVOIR MODELLING
A PRACTICAL GUIDE

油藏建模实用指南

【英】Steve Cannon 著

刘 卓 田昌炳 高 严 译

石油工业出版社

内 容 提 要

本书结合油藏实例介绍了目前西方石油公司通用的油藏地质建模技术路线、方法和操作流程。内容涵盖了数据质量控制、工区管理、构造建模、相建模、属性建模、模型粗化的全部流程和方法。其间还穿插了地震解释、地层对比、地质统计、储层非均质性等因素对模型不确定性的影响。本书结构严谨，内容翔实，贴近实际应用，提纲挈领地反映了当前地质建模的研究思路和主要技术手段。

本书可供石油类高等学校本科生、研究生教学使用，也可作为现场操作人员的指导手册和参考工具。

图书在版编目（CIP）数据

油藏建模实用指南／（英）史蒂夫·坎农
（Steve Cannon）著；刘卓，田昌炳，高严译译. —北京：
石油工业出版社，2021.8
书名原文：Reservoir Modelling：A Practical
Guide
（国外油气勘探开发新进展丛书；二十三）
ISBN 978 - 7 - 5183 - 4773 - 5

Ⅰ. ① 油… Ⅱ. ① 史… ② 刘… ③ 田… ④ 高… Ⅲ.
① 石油天然气地质 - 建立模型 - 指南 Ⅳ.
① P618. 130. 2 - 62

中国版本图书馆 CIP 数据核字（2021）第 151549 号

Reservoir Modelling：A Practical Guide
Steve Cannon
ISBN 9781119313465
First published 2018 by John Wiley & Sons，Ltd.
Copyright © 2018 John Wiley & Sons，Ltd.

北京市版权局著作权合同登记号：01 - 2021 - 4677

出版发行：石油工业出版社
　　　　　（北京安定门外安华里 2 区 1 号楼　100011）
　　　　　网　　址：www. petropub. com
　　　　　编辑部：（010）64523537　图书营销中心：（010）64523633
经　销：全国新华书店
印　刷：北京中石油彩色印刷有限责任公司
2021 年 8 月第 1 版　2021 年 8 月第 1 次印刷
787 × 1092 毫米　开本：1/16　印张：12.5
字数：280 千字
定价：100.00 元
（如出现印装质量问题，我社图书营销中心负责调换）
版权所有，翻印必究

序

"他山之石，可以攻玉"。学习和借鉴国外油气勘探开发新理论、新技术和新工艺，对于提高国内油气勘探开发水平、丰富科研管理人员知识储备、增强公司科技创新能力和整体实力、推动提升勘探开发力度的实践具有重要的现实意义。鉴于此，中国石油勘探与生产分公司和石油工业出版社组织多方力量，本着先进、实用、有效的原则，对国外著名出版社和知名学者最新出版的、代表行业先进理论和技术水平的著作进行引进并翻译出版，形成涵盖油气勘探、开发、工程技术等上游较全面和系统的系列丛书——《国外油气勘探开发新进展丛书》。

自 2001 年丛书第一辑正式出版后，在持续跟踪国外油气勘探、开发新理论新技术发展的基础上，从国内科研、生产需求出发，截至目前，优中选优，共计翻译出版了二十二辑 100 余种专著。这些译著发行后，受到了企业和科研院所广大科研人员和大学院校师生的欢迎，并在勘探开发实践中发挥了重要作用。达到了促进生产、更新知识、提高业务水平的目的。同时，集团公司也筛选了部分适合基层员工学习参考的图书，列入"千万图书下基层，百万员工品书香"书目，配发到中国石油所属的 4 万余个基层队站。该套系列丛书也获得了我国出版界的认可，先后四次获得了中国出版协会的"引进版科技类优秀图书奖"，形成了规模品牌，获得了很好的社会效益。

此次在前二十二辑出版的基础上，经过多次调研、筛选，又推选出了《碳酸盐岩储层非均质性》《油藏建模实用指南》《水力压裂与天然气钻井》《离散裂缝网络水力压裂模拟》《页岩气藏综述》《油田化学及其环境影响》等 6 本专著翻译出版，以飨读者。

在本套丛书的引进、翻译和出版过程中，中国石油勘探与生产分公司和石油工业出版社在图书选择、工作组织、质量保障方面积极发挥作用，一批具有较高外语水平的知名专家、教授和有丰富实践经验的工程技术人员担任翻译和审校工作，使得该套丛书能以较高的质量正式出版，在此对他们的努力和付出表示衷心的感谢！希望该套丛书在相关企业、科研单位、院校的生产和科研中继续发挥应有的作用。

中国石油天然气股份有限公司副总裁　

译 者 前 言

油气仍是当今世界能源最主要的类型,"上游"油气勘探—开发—生产的核心成果和工作平台就是三维地质模型,由于其不可替代的综合性、定量性和可视性优势,现今一切的油藏、地质研究都需围绕地质模型展开。然而,地质条件的复杂性,致使世界没有两个油藏是一样的:不同的油藏地质条件不同,即便同一个油藏在不同的开发阶段也具有不同的认识程度。同时,地质建模又是一个专业跨度大、工作链条长的集成创新过程:需要多个学科研究成果的支撑,还要对不同专业研究成果进行交叉检验,从而形成最终的一致性认识。因此,尚无国际公认的、规范性的地质建模操作流程和质量管控体系,仅有各油区针对自身油藏特点制订的指导性建议或要求。史蒂夫教授采用的从工作流程和油藏类型两个角度进行分类,再通过贯穿始终的数据不确定性将其集成,就是一种对地质建模研究规范性流程的有益探索。

阅读本书后,译者深刻感受到与作者三个方面的共鸣。一是概念模型是地质建模的核心,地质概念为我们建立模型,软件工具帮我们实现模型,软件工具不是油藏认识的天花板,更不应成为油藏研究的桎梏。二是地质模型要力求阶段性和可迭代性的统一,模型既要满足项目的时效性需求,抓住重点,不苛求完美;又要对油田开发的全生命周期具有全局性的准确把握,实现在同一个模型基础上通过迭代进行更新,而避免反复重建模型,这需要在模型设计阶段就进行顶层设计。三是地质建模技术未来的方向,三维地质模型的核心是微分,三维空间的最小单元是四面体,因此非结构网格势必将取代结构网格系统,但短期内受计算机性能的限制,难以构建油藏规模的非结构网格地质模型,从而不同网格系统的嵌套和细化—粗化技术将成为过渡阶段的解决方案。

本书通过9章内容,提纲挈领地介绍了当前地质建模的研究思路和主要技术手段。本书可供石油类高等学校本科生、研究生教学使用,也可作为现场操作人员的指导手册和参考工具。

地质建模需要各学科之间的配合,图书翻译也需要团队协作。这里,感谢朋友们为本书翻译提供的帮助和建议,感谢师长对我多年工作的指导和支持。

限于译者水平,仍有不妥之处,敬请读者指正。

前　言

本书内容体现了笔者对 40 年油田实践经历的理解,这些工作包括钻井录井、措施作业、岩心沉积分析、油藏建模等。很幸运能以不同的角色,在不同的公司和部门承担不同的工作。所有这些使我能够教授一门综合油藏建模课程,也是这本书内容的基础。

我的专业是地质工程师,研究方向倾向于岩石物理和模型设计。但事实上,我更加关注指向目标的油藏建模工作,确定那些油藏中对流体流动有影响的油气分布和地质非均质性。用一句话来总结油藏建模,就是"保持简单":我们总是没有足够的知识和数据来重建地下实际情况,因而只能让我们的表征更有意义。

我在油藏评价方面的经历,使我能够使用地质模型解决大部分现场开发和生产方面的问题。油藏模拟总是为了处理特定的问题,地质模型也是一样,这些问题包括储量计算、井位设计、生产优化等。本书更多涉及滩海的或是复杂构造的碎屑岩油田,对大型陆上油田涉及较少。其间的主要区别是井数、井距不同,采用的地质统计方法也是针对这样的情况。但这些方法同样可以用于陆上大型油田的油藏表征和动态模拟,只是那里井数更多。

地质建模需要多学科团队合作。作为了解软件的地质家,我发现通常地质建模只作为线性工作流中的一部分,这个工作流从地球物理开始,到油藏工程结束。每个学科都使用不同的软件,各个阶段之间极少讨论。而理想情形应该是,地震解释人员可以建立构造模型,随之地质家建立网格模型。在每个阶段,都有地质家的参与,并在地质建模的各个阶段,补充不同学科的研究成果。

本书并不认为某种方法好于另一种方法,或是某个商业软件好于其他软件。非常感激很多机构为我提供了所需的工具,尤其是 Schlumberger 和 Emerson - Roxar。我从 2000 年到 2008 年,曾作为 Roxar 软件的顾问,这个经历使我更倾向基于目标的模拟方法,而更少采用基于点的模拟。但事实上,建模师可以在软件中根据自己的理解自行选择。我要感谢 Aonghus O' Carrol,Dave Hardy,Neil Price,Doug Ross,Tina Szucs,以及所有帮助我操作软件的朋友。还要感谢 Schlumberger - NExT 的 Steve Pickering 和 Loz Darmon,鼓励我开设这门课程,并支持我培养了全球范围超过 200 个学生;还要感谢 Rimas Gaizutis 帮助我将这些过去工作中的成果组织成书。

最后,我不是一个学者,这本书也不是一篇学术论文,而是一本操作手册。会有很多人不同意我关于建模的观点,但请理解这是限于时间、数据、资源、实际情况而进行的妥协。一位智者曾经说过,"所有的模型都是错的,虽然其中部分是有用的"(Box,1979)。

Steve Cannon

2018 年

目　　录

第1章 概　　述

本章的目的是总结建立三维地质模型的流程:这个原则适用于所有建模项目,而与软件无关;换句话说,这里是对复杂多样的工作流程进行总结,从而得到一套实用的方法(图1.1)。本书讨论的地质模型,不是要精细地反映沉积环境的细节,而是要把握那些对油藏中流体流动有影响的,由于构造、地层、沉积等因素造成的非均质性。

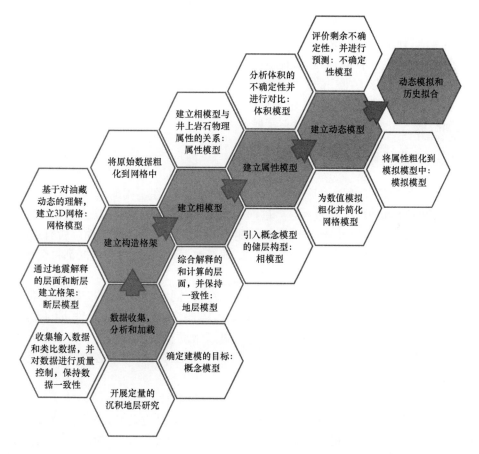

图1.1　油藏建模流程,图示为传统的建模流程,各个阶段线性连接,后面的章节也按此设计

建模的关键不是软件,而是油藏建模师的思考过程,通过这样的思考,来表征其所研究的油藏特征。这个工作要从一个地质概念模型和一个表征油藏中流体如何流动的管道模型开始。现代的综合建模软件从地震数据的输入开始,直到向动态模型的输出结束,这些地震数据包括解释的层位、断层,以及地震属性等,其描述了储层与非储层的关系。因此也称为从地震到模拟的全流程解决方案。正如笔者一直提醒,地球物理学家和油藏工程师不应忘记,地质才是形成油气聚集的因素。

维基百科对油藏地质建模的定义是,"建立一个油气藏的计算机模型,目的是为了评估储量,制订开发方案,预测未来的产量、井距,并评价油藏管理的可选方案"。模型由一系列离散的网格排列而成,每个网格中带有不同的孔隙度、渗透率、含水饱和度等属性。地质模型代表了油藏的静态特征,动态模型应用有限差分方法来模拟生产过程中的流体流动。当然,也可以用纸和彩色铅笔来建立模型,但会使后续的分析非常困难。

地质模型是"基于地球物理和地质观测数据,实现对地壳的计算机表征的应用学科"。另一个定义是"地质模型是对井间储层性质的空间表征,这些储层性质要体现那些影响流体流动的关键非均质性"。除此之外,还应该补充定义,地质模型需要在硬数据、概念模型以及统计特征之间实现平衡。无论是碎屑岩还是碳酸盐岩,工作的流程是一样的,只是其中的重点不同:在碳酸盐岩中,至关重要的是合理地表征岩石属性,因为成岩作用会改变原始沉积作用对储层质量的控制,后面还会单独讨论碳酸盐岩储层的表征。

在开始之前,列出几条关键的原则:

(1)每个油田都是独特的,因此都有不同的挑战;

(2)每个挑战都应该有唯一的应对方案;

(3)每个应对方案都是适用于特定条件的;

(4)简化问题,至少在开始的时候是这样。

1.1 油藏建模的挑战

建立一个油气藏的模型是一项复杂并具有挑战的任务,在不同的阶段会涉及不同的数据类型。如果能够明确建模目的,那么这个过程会变得简单一些。通常,建立的模型是为了储量计算、动态模拟、井位设计以及产量优化,抑或是了解油藏固有的不确定性。所有这些目的,都可以通过一个成功的三维建模来帮助讨论概念、解释数据,这些概念和数据都将会用于表征油气藏的开发潜力。

之所以建立三维模型,是因为油藏本身就是三维的,同时油藏又是非均质的,但却只有有限的样品。进一步地,为了理解油藏中的流体流动,需要考虑储层三维条件下的连通性,而不仅仅是井间的对应关系。建立油藏的三维模型,可以帮助存储、编辑、检索以及展示所有建模所用到的信息;事实上,模型是一种综合所有地下信息的工具,从而不必把信息全都存储在地质家的头脑当中。

油藏建模的另一项挑战是需要综合处理地质的控制属性和复杂的流体特征。建模涉及的数据通常是离散的井数据,以及难以识别的地震数据。模型的成果受构造的复杂性、沉积模式、数据的可用性以及建模目的的影响。一个可用的模型总是一定妥协的结果:建模是在表征油藏,而不是完全复制油藏。

在过去的 20 年,计算机在处理能力和可视化方面都有长足进步,这使地质家建立的模型可以体现从微观到全油田所有不同尺度的属性变化。但因为油藏的复杂性,还需要从经验上判断建模的范围和精细程度:比如一个气藏可能就像一个砂岩的储罐,断层又把这个储罐分隔成了若干个独立的单元。

1.2 从勘探到生产的不确定性

即便是在第一口探井未钻之前,地质家也会估计一下圈闭中的油气储量;通过与其他区块类比,油藏工程师也会估计一个采收率。估计的储量会有一个上限范围和一个下限范围。这个阶段的储量计算,可以采用确定性方法或随机方法,或者是两者的综合方法,这个储量的范围通常很大。在油田开发的每个阶段,评估的储量中值和变化范围都将包含在这个预测的范围内变化,随着评价井的部署和数据的采集,不确定性会逐步降低(图1.2)。当获得足够的证据时,就可以确定开发策略,并开始实质的投资!事实上,很多油田的实例都表明,储量的范围总是随着数据量的增加,或是新的理念和技术的发展而被修正。这通常会使决策的时间延后,尤其是对于小油田,在小油田开发中,数据、理念和技术的错误对储量具有重大影响(图1.3)。

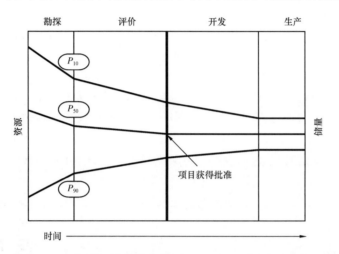

图1.2　理想的油田生命周期内资源量随时间的演化(不确定性在各阶段逐渐减小)

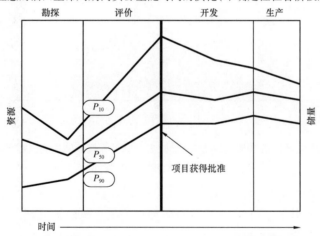

图1.3　实际的油气田评价、开发过程中,资源量的变化
(评价工作要一直持续到项目批准之后,因为过多的井数将损害项目的经济效益)

　　1997年,英国政府开展了一项调查来回顾英国在北海的各区块中,储量从项目批准到进入成熟阶段过程中的变化。油田批准的时间从1986年到1996年,涵盖储量10MMBOE❶。该

---

❶　MMBOE为百万桶当量。

项目是为了给作业者建立信心,使作业者相信报告中评估的最终可采储量,以及使用的评估方法及其主要不确定性都是合理的。

　　截至1996年,65%的受访者表示,他们应用确定性方法给出了明确的储量上限和下限;53%的受访者应用了蒙特卡洛方法,30%的受访者采用了多个地质、动态模型的概率估计;还有部分公司应用了混合方法,这造成了最终累计受访者比例超过了100%(Thomas,1998)。同一个调查中,30%的受访者表示,粗略的构造认识是影响最终可采储量的最主要不确定性;其余受访者认为,油藏描述造成了最终可采储量的不确定性。评价阶段油田的不确定性大于开发阶段,通常估计的结果偏悲观,而不是乐观。

　　对调查结果评价发现,即便是开发方案已经获批的项目中,仍有四成以上的油田,其储量变化幅度超过了50%,这其中大部分采用了确定性的储量评估方法(图1.4)。经济性对油田开发的影响也不容忽略,有时要获得最终可采储量,井数需要增加60%~80%,同时还需要对浅海平台上的设备进行昂贵的改造。调查的大部分油田都在布伦特省,都有多个含油层系,属冲积—三角洲油藏,这些油藏都需要在生命周期中增加大量投资。在过去20年中,三维地质模型的一个首要的作用就是提高对油气原始地质储量和最终可采储量的估计精度。只有在一个油藏废弃时,才能知道其最终的采收率,有时当经济环境改善的时候,废弃的油田还会被重新开发。

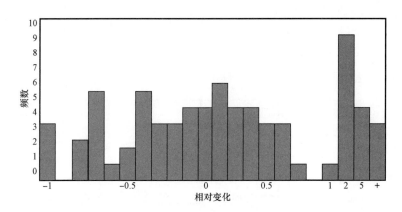

图1.4　英国北海地区油田1989—1996年之间,证实储量和概算储量的相对变化量统计直方图
(Thomas,1998,由EAGE发布)

　　很重要的一点是,需要认识到所有的油田都是独一无二的,都需要了解其地质、油藏流体数据的可用性,及其开发方案,从而获得开发资源最大的经济回报。只有当实施了被批准的开发方案,并且满足开发成本需求的投资被付诸实施以后,资源才会变为储量。这需所有的股东、作业者、伙伴,以及政府对开发方案达成一致,这从来都不是一件简单的事情!

1.3　本书内容和结构

　　本书按照通用的流程进行介绍,包括数据质量控制、工区管理、构造建模、相和属性建模、模型粗化,以及动态模型的需求。从始至终,强调了对所有环节的不确定性的认识和把控,以及对这些问题的处理方法。

（1）第二章,综述建模所需的基础数据,以及如何建立、管理并对工区数据库进行质量控制。

（2）第三章,讨论模型的构造要素,包括对地震解释、深度转换的介绍,这是对储量不确定性影响最大的因素。

（3）第四章,查看模型的内部结构,以及如何将大尺度的地层对比关系集成到油藏格架中。

（4）第五章,讨论相建模,针对不同的岩心和测井地质解释认识,讨论相建模的方法和需求。

（5）第六章,讨论属性建模,包括孔隙度、渗透率和含油饱和度等属性。其中还包含对碳酸盐岩油藏的描述方法。

（6）第七章,讨论不确定性分析对静态模型和储量评估的作用。

（7）第八章,讨论为了满足动态模拟需求,对精细模型构造和属性进行粗化的方法。

（8）第九章,通过一些综合的实例,介绍一些典型的建模方法。

本书是从一个地下储量管理团队中建模师的视角进行介绍的。这里,建模师负责将各个专家的解释成果集成到一个成功的模型之中,模型将用于储量分析、动态模拟、井位设计,以及生产优化。建模的关键是在所有环节作出合理妥协:地震解释要定义所有的断层,沉积学家要记录所有可能存在的相,但每一个团队都应注意到,并非所有细节都能够体现在模型中。

表1.1中列出了建模工程师需要了解的关键信息,这也展示了建模工作多学科的特点。在估计一个新油田的开发成果及其不确定性时,将涉及所有地下学科,这些预期成果包括储量和产量剖面等,其将用于指导石油工程师设计合理的油气处理设备。

表1.1　油藏建模项目开始之前所需的资料清单

驱动机理	流体膨胀,溶解气,水体等
油藏流体	干气,凝析气,轻质油,重质油
油藏格架	正断层,翻转背斜,逆冲断层,走向滑动断层
油藏构型	单一圈闭,多层叠置,多个分区
圈闭机理	构造,地层,岩性
沉积环境	碎屑冲积环境,三角洲,海相,碳酸盐岩缓坡或台地
油藏条件	HPHT(高温高压),LPHT(低温高压),常压,水体支撑
数据类型和丰富程度	2D地震,3D地震,4D地震,钻井,测井,岩心,压力数据
开发规划	滩海固定式平台,FPSO(浮式生产储油一般),海底固定,陆上井网,储罐,管线

一个常被忽略的关键因素是不理想的或是缺失的数据造成的影响;已知的未知情况和未知的意外情况都会在油田开发过程中暴露出来;通常,还包括不充分的评价结果。这里可能是不完整的地震采集,也可能是缺失的岩心数据,从而无法标定测井曲线;这些未知情况都会影响原始地质储量的评估。但值得欣慰的是,项目从评价到批准阶段,不确定性总是随着数据的采集而降低——当然并非总是这样:要小心那些增加数据将削弱项目价值的资产,这样的项目通常都是处于效益边缘水平的。

1.4 油藏模型是什么

油藏模型可以是一系列的二维图片和井与井的对比关系,可以是一个定义了岩性和流体分布的反演地震体,也可以是集成了所有井和地震数据的三维网格体(图 1.5)。表征油藏的最终目的是描述那些影响流体分布和流体流动的非均质性的类型和尺度。模型的价值取决于数据的可用性,以及正确解释数据的能力,这不是个简单的工作!一个可用的模型要平衡硬数据、概念模型,以及对地下情况质量统计表征。

图 1.5 3D 模型包含了从地震解释到井位设计的各个环节(引自 Emerson – Roxar,有修改)

开展三维建模的原因有六个:

(1)对所有尺度上地质体的大小、构型,及其变化的描述都是不完整的;

(2)沉积相的空间展布特征非常复杂;

(3)空间上的岩石属性、构造位置和方向的变化都很难把握;

(4)岩石属性与对应的岩石体积之间的关系是未知的;

(5)较之于动态数据,通常有更加丰富的静态数据(包括渗透率、孔隙度、饱和度、地震数据);

(6)可以更方便和快速地进行分析。

所谓的"模型"的真正意义是什么呢?地质模型是对不同尺度的一套地层层序中不同沉积要素关系的表征。这可以是一个概念模型,如用来把握沉积环境与模型参数之间继承关系的孔隙度或渗透率等。数学模型可能是确定性的,也可能是随机的,这取决于输入数据的不确定性程度,每个确定性的模型只有一个实现,而随机模型可以有多个实现,每个实现都符合输入数据的统计规律。模型可以是二维图片,也可以是三维网格。以前的模型,只体现属性的平面变化,通过不同的绘图算法得到属性的分布结果。三维网格模型的属性还可以体现垂向上的变化,这些变化受控于地质构造的几何形状。

油藏模型还可以解释油气或流体在地下的分布。当设计模型时,要确定模型的目的,比如是要评价构造的不确定,还是储层单元的连通性,抑或是设计加密井位?每个目的都要求不同的思路和方法,针对不同目的,建模团队设计的思路和解决方案都是不同的。

为了这些目的,建模过程中需要确定下面几个参数。

(1)油藏的包络范围:构造的顶底;

(2)油藏的分区:断层的几何形态;

(3)油藏内部的格架:对比方案;

(4)储层的构型:相模型;

(5)岩石物理属性的分布;

(6)储量评估结果;

(7)粗化过程中对精细模型细节的保留程度。

工作流程中的每一步或是研究中的每个阶段,都要与对应阶段的模型功能相匹配。三维模型的一般用途包括:

(1)将地质数据库和输入数据可视化;

(2)将构造图和二维属性图可视化;

(3)确定三维属性模型并评估储量;

(4)集成概念模型与三维相模型的约束条件;

(5)进行井震约束的属性成图;

(6)进行储量敏感性分析;

(7)进行井位设计和部署;

(8)输出动态模型所需的地质成果。

这就要求建模流程具有最大的适应性和功能性。采用合适的工作流程和工作团队,更容易获得预期的结果。不要相信一个模型可以回答所有问题,不同的模型具有不同的作用。

设计模型时,很重要的一点是将储层构型的概念模式、关键的构造和沉积要素体现在模型之中。如果设计的模型是成功的,那么概念模型和统计特征之间就能实现确定性和概率性的平衡。

油气工业中的新技术趋向于更加复杂化,但复杂性并不能够保证准确性,因而不能满足模型的目标。更重要的是确定油田的关键特征,并按照其重要性进行排序。这部分内容会在后面结果的不确定性分析部分进行讨论。一个好的油藏模型就是能够体现影响流动的非均质性的模型。

Ringrose 和 Bentley(2015)的《油藏模型设计》书中指出了四点模型设计的要点:

(1)对油田构型的理解是否能够真实体现在模型之中?

(2)正确的构造和沉积要素是否在模型中进行了定义?

(3)概念模型的统计要素是否直观地体现在了模型之中?

(4)模型是否实现了概念模型与确定性模型的平衡,概念模型与硬数据是否吻合?

油藏的构型是构造与地层要素的综合,包括断层、地震层位、层序继承性,以及流动单元。地质家可以绘制概念模型,油藏建模师可以将其在模型中表征出来。概念模型可能是油田的构造、沉积环境、储层属性和流体的分布,或者是前面四项内容的综合。结合概念模型与硬数据,并通过软件来估算其他的部分,就可以建立一个有代表性的模型了,主要的挑战就是找到确定性数据与概率性数据的平衡。模型最终目的是"看起来正确",同时模型要体现地质概念和并与硬数据吻合,这样就能在向团队成员汇报成果时有理有据了。

1.5　建模的流程

三维地质建模通常遵循相似的流程,这与建模团队所用的软件工具无关。整个过程中涉及几个关键节点,这些节点就是前文提到的需要提交的成果。输入模型的数据包括两种类型:"硬数据",比如井点分层;"软数据",比如概念模型,或是地震属性与井点孔隙度的关系。两类数据都要在模型中得以体现。

传统的直线型流程慢慢被新的并行的流程所取代,并行流程是不同专业在一个综合团队中共同工作(图1.6)。虽然每一步都要完成,但工作是同时进行的,每个专业都参与设计模型和建立模型。数值模拟是最后一个步骤,但也是第一个步骤,是开展建模项目的原因。

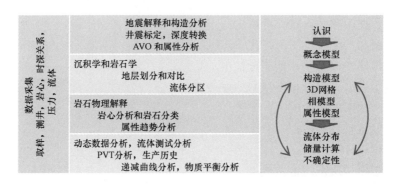

图1.6　大部分公司采用的更加有效的并行工作流的例子,是一种集成式建模方法。
不同的学科共同设计模型,分析可用的数据,理解研究目标的不确定性

建模工作的五个主要步骤如下。

(1)数据收集,分析和加载:

① 获取输入和类比数据,对数据进行质量控制,使数据具有一致性;

② 开展定量和定性的沉积、地层研究;

③ 确定建模的目标,即概念模型。

(2)建立油藏格架:

① 应用地震解释层面和断层数据,建立模型格架,即构造模型;

② 综合解释、计算层面,并保持层面间的一致性,即地层模型;

③ 基于前期研究建立三维网格,即网格模型。

(3)建立相模型:

① 引入储层概念格架,即相模型,并考虑其变化;

② 确定使用相建模的方法,如基于目标的方法、基于指示的方法,或是混合方法。

(4)建立属性模型:

① 建立相模型与属性模型的联系,即属性建模;

② 分析储量的不确定性,并对比计算得到的储量。

(5)建立动态模拟模型:

① 粗化属性模型,得到动态模拟模型;

② 用生产历史验证模型,即历史拟合;

③ 评估未知属性,并预测不确定性范围,称为不确定性模型。

每一步都会在后面的对应章节中进行介绍,会涉及各个步骤中所使用的数据,及其相关的不确定性,需要提交的成果及其作用。

大部分的建模软件都包括工作流管理,这是为了设计个性化的工作流,从而当数据更新以后,可以对模型进行更新。强烈推荐在每个工区中都保存这样的工作流。

1.5.1　项目计划

估计建立模型所需的时间,这需要依赖于经验和对相似项目研究历史的了解。模型所需的复杂性、输入数据的质量和数量、建模师的经验都会影响建模时间。甘特图是一个很好把控时间的工具。

在建模过程中,也许最耗费时间的工作就是数据的输入和转换、质量控制和清洗。按照经验看,这一步骤会耗费30%~60%的时间。一些咨询公司将其定义为最重要的问题,这个问题不只是在地质建模工作中存在,他们会要求花费时间保持数据库的整洁和一致性。在这个工作上花费的时间总是物有所值的。

还要列出团队成员的责任表。在一个建模项目中,尤其是历时数月,涉及多个团队成员的情况下,如果没有明确的责任分工,那么通常就会"掉到沟里"。分工的细致程度根据项目团队的需求,会有不同。

质量控制对任何项目都是至关重要的要素。校正输入数据总是比修改模型结果要容易。如果进行了定量的质量控制,那么就可以估计不确定性程度了。项目中最耗费时间的部分就是对输入数据的质量控制。一个包含质量控制的过程,能够帮助实现最终的目标和期望。后续的质量检查也是项目的重要因素,流程管理工作要对所完成的工作做好记录。

有一次,笔者与一个工程师一同完成项目,学到了项目管理和评价的五项准则,通过这些准则,可以判定项目成功与否、项目质量、项目成本,以及时间安排:

(1)定义——目标,范围,约束条件,以及风险;

(2)计划——行动,资源,过程,成本,以及时间安排;

(3)执行——建立模型;

(4)控制——持续对模型进行质量控制,并按照要求进行迭代;

(5)结束——按照时间、预算、范围完成项目。

一个模型需要仔细计划,综合目标、期望,以及项目的目的等要素。项目的目的可以作为计划模型的指导。项目成功与否涉及成果的质量、成本,以及时效性。

1.5.2　设计需要建立的模型类型

有时可能要依据不同的目的建立多种模型。

1.5.2.1　原型模型

原型模型是一个快速解决方案,可能网格比较粗,应用确定性方法来模拟模型属性。原型模型可以用于模拟,并快速地、概念性地评价矛盾和不确定性。建立原型模型很有意义。这可以回答很多重要的问题,比如网格的方向、流动的方向、非均质性程度、断层对流动的影响等。要牢记建模的目的,建模的目的都是为了满足目前的分析需求。

1.5.2.2 全油田模型和区块模型

全油田模型是否可以回答某个问题，区块模型是否可以提供全部信息？通常全油田模型都是必要的，但如果非均质性很强，那么模型会变得非常大。这些大模型在软件中难以操作、加载、保存，甚至观测都是非常耗时的。一个解决办法就是建立区块模型，精细模型的尺寸可以小一点，从而用来回答某些特定的问题，比如水平渗透率与垂直渗透率之间的关系等。

1.5.2.3 确定性和随机性

如果井数较多，那么可以考虑确定性模型。这可以快速回答某些基础问题。如果需要更加深入的模型，那么就要采用随机模型。如果非均质性对流动影响很重要，那么随机模型也是更好的选择。应用随机模型，可以生成多个实现，而确定性模型只能给出一个答案。通常确定性模型只应用在原型模型阶段。

1.5.2.4 不确定性模型和多个情景

通过多个模型实现可以测试多个情景的不确定性范围。将解释数据输入时，进行不同的设置，就可以生成一系列不同的结果。比如，可以改变水道的方向或测试不同的地质体数量。这个方法还可以用来排除某些情景。

1.5.2.5 首先建立模拟网格

如果团队合作紧密，最好是首先建立模拟网格。如此可以尽早确定网格尺寸和方向。之后再将较粗的网格细化为较细的网格，这就可以保证粗、细网格的一致性，从而避免网格粗化时的人为影响。这个过程也称为"网格细化"。

始终记住，所有模型都是错误的，但某些是有用的。

1.6 建模是一个综合团队

一个综合团队的优势在于，可以使沟通、项目管理效率大大提高，并最终转化为技术和经济成果，这是毋庸置疑的。一个管理良好的团队都应有明确的目标，都能够比个人单独工作和传统的组织结构方式更加有效。

一个好的团队都有如下特点：

（1）对最终目标进行分解——将产出最大化；

（2）团队成员之间高度信任；

（3）对质量有明确的定义和评价方法；

（4）切合实际的目标设置和衡量方法；

（5）与绩效关联的奖励措施。

当成员之间协同时，团队会表现得更好，并且更好地解决问题。根据功能，团队可分为两类：持续型团队和攻关型团队，其结构分别是层级型的和并列型的，在项目的不同阶段，团队负责人通常是上级指定的或由内部产生的。

不同的公司有很多团队组织方式，这与公司的传统、所在的国家，以及项目的目标有关。最终采用的方式都是比其他方式成本更低的选择，这个成本中还包含转变所需的成本。下面是几种公司采用的组织方式的例子。

（1）雇佣团队：传统上是进行室内工作的多学科团队，通常采用层级型结构。

(2)战略伙伴：与其他公司达成正式协议来共同承担某个项目。

(3)战略联盟：通常与服务提供商一起，由服务提供商基于公司的目标提出解决方案。

(4)外部资源：委托一部分或整个工作给第三方公司。

对于油藏建模工作，战略伙伴和外部资源越来越多地成为公司工作流程的一部分。模型使公司与服务商之间形成更紧密的关系，从而能够降低成本，提高工作效率，避免重复工作。从那些已经成功的操作实践中，可以发现有力的伙伴和联盟具有如下特点：

(1)具有共同的观点和目标；

(2)在实施之前，经过了详细的计划；

(3)管理委员会和团队之间互相接纳；

(4)伙伴与团队之间对技术高度认同；

(5)角色和责任之间具有明确定义；

(6)各方都希望长期合作下去；

(7)具有共同的公司和个人目标——共同的文化；

(8)团队与领导之间，可以实现技术的良好发展。

将工作文化转化为团队成果，需要的管理结构也要随之改变。传统的层级结构要求对战略的控制，任务由上到下。新的方式要求团队对任务负责，团队与战略在同一层级上，并且可以影响战略的制订。

设想一个项目，不同的合作伙伴代表各自的学科：地震解释，地质概念，岩石物理，油藏工程。油藏建模时收到不同的输入数据，并建立模型，但工程师发现，模型中的气储量减少了30%，研究发现是因为只使用了开发井，对翼部没有井控的地区的构造没有正确的偏移，导致新的构造图的深度变换并不正确。遇到这种情况，项目经理就需要将这样的结果淘汰掉。

1.7　地质统计

地质建模还常被称为地质统计建模，而这其中便存在一个问题，地质统计是由采矿工业发展而来的，采矿工业中，井点之间的距离都是规则的，通过井点数据的分析建立属性的空间展布，就可以得到矿产的分布，这就是克里金方法最初的来源，该方法可以绘制确定性的属性空间变化的展布图。但在油气领域就没有那么直接了。附录中笔者会对地质统计方法进行介绍，接下来只讨论一些后面内容涉及的基本的术语和条件。

统计模型通过估计相关性的误差来预测结果。英格兰 Dorset 海岸附近的 Chesil 海滩，长29km，宽200m，高15m，由燧石组成，燧石的大小从西部的豆粒逐渐变化为东部的大型的鹅卵石。海岸形成于最后一次冰期的末期，随着全新世海平面上升，形成了障壁砂坝。

海滩上卵石的平均质量为 0.611kg，这是一个统计结果。在海滩上挑选一枚卵石，这颗卵石称为样本。在一堆卵石中随机抽取一枚卵石，这称为抽样；海滩上所有的卵石称为总体，总体的平均值是一个事实，而不是一个统计结果。因此，统计是通过对总体进行抽样而得到的对某个属性的估计，统计结果取决于样本的规模，以及样本是否对总体具有代表性。

一个随机变量是从总体中抽取的一个样本，样本的值在给定的概率分布情况下，会有一系列的可能性。如果输出的值的数量是有限的，那么这个变量称为离散变量；如果变量的值的数量是无限的，那么该变量称为连续性变量。用地质建模的语言描述就是，相和岩性属于离散变量,而孔隙度属于连续性变量。

一个属性可以用均值、方差、标准差等来描述。均值是数据的数学平均;方差描述了一组数据的离散程度,标准差是方差的平方根。方差取决于数据量的规模,数据越多,统计结果的可靠性越高。变异系数是标准差与平均数的比值,用来描述数据正态分布的形状;众数是一组数据中,出现频率最大的数值;中值是将数据按升序排列,处于中间位置的数值(图1.7)。

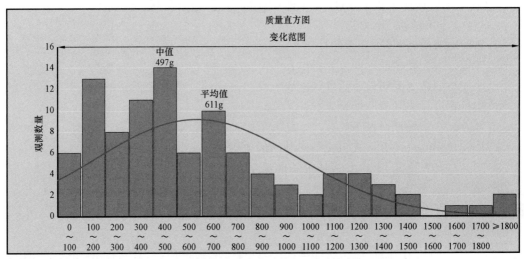

变量: 卵石			
数量	100	最小值	62
平均值	610.77	最大值	1834
众数		范围	1772
中值	497		
方差	189970.07788		
标准差	435.85557		
平均标准差	43.58556	几何平均值	457.50518
变异系数	0.71362	调和平均值	316.92499

图1.7 对100块海滩卵石的统计分析,以及相关的统计参数值列表

概率表示数据出现的可能性。换句话说,就是一个特定值或是一个样本被抽取到的机会。概率的分布可以用累计概率函数(CDF)或是概率密度函数(PDF)来描述,两者都是用来预测结果的。概率分布可以与理论函数进行比较,比如正态分布或是高斯分布。

稳定性指一组数据没有明确的趋势性特征。平均的方差和变差都是常数,具体的值与整个研究区的情况相关(Deutsch,2002)。换句话说,某个属性的统计值,无论样品取自总体的何处,都是相等的;均值和方差与位置无关,因此是一致性的变量,即"非均质性强度是均质的"。在模拟某个属性时,如果井间数据是稳定的,那么其模拟结果就是有效的。任何存在的垂向或是平面趋势,都应在统计之前排除。

地质统计软件为用户提供了一系列描述油藏非均质性的工具。两个主要的方法是基于点的模拟和基于目标的模拟,基于点的模拟通过变差函数模型确定模型中对应属性的结构,基于目标的模拟通过典型地质体的几何形状对模型进行定义。这两种方法来自于不同的地质统计院校,一个是美国和法国,另一个是挪威。多点地质统计学应用训练图像和变差函数来综合地质信息。基于点的模拟从最初的采矿工业发展而来。在挪威,基于目标的模拟成为表征北海中侏罗统油藏河流—三角洲水道的标准方法。大部分的软件可以对两种算法进行混合使用,储层地质体分布于非储层地质体的背景之中。而储层的属性,比如孔隙度的建模,则用空间变差函数进行模拟。地质统计建模要求种子点,这是一个生成随机数的起点,每次计算时,可以进行改变或是人为设定其为固定值。

地震数据通常用来约束相建模和属性建模,尤其是井数据相对稀疏的情况。不同的方法被用来集成地震解释成果与对油藏层面或地质体的认识。克里金方法常被用来通过井数据插值来绘制地质层面,但如果将一个外部趋势加入克里金算法中,就可以产生一系列等概率的结果,同时井点处还保持与井一致。这就是通常应用于地震层面时深转换中的统计性方法。协同克里金方法通常用于集成不同来源的数据,比如孔隙度与地质波阻抗等。

1.8 数据源及其尺度

获得建模硬数据的渠道主要是井和地震解释数据(表1.2),但还可以通过类比周边油田、区域研究,以及从发表文献等方面得到补充。野外研究也是一项辅助不同尺度相建模和属性建模的重要指导。

表 1.2 建模所需数据

静态数据	作用
地震数据(2D 和 3D)	解释层面,不整合,断层
	采集参数,处理
垂向地震	速度模型,地震校正
时深关系	合成记录,时深计算
速度校正	深度转换
井数据	坐标,深度控制,轨迹,井史
	井型,生产历史,井储
岩心和岩心分析数据	沉积学,岩石学,沉积环境
	孔隙度,渗透率,颗粒密度,流体,显示
	岩石物理岩心标定,深度校正
钻井液录井	大段岩性,油气显示,钻时
	钻井历史和参数,钻井液漏失,孔隙压力
测井曲线,倾角测井,成像测井	岩石物理解释,孔隙度,含水饱和度
	曲线特征和沉积环境
	地层对比,油藏分区,层序地层
	构造一致性,断层,裂缝
	沉积学解释
概念模型	构造解释,沉积环境,成岩演化

静态数据	作用
地震属性	反演,AVO异常,地质体解释

动态数据	作用
试井数据,生产测井测试(PLT), 重复式地层测试(RFT)	流入潜力,流量,渗透率,隔夹层,油藏压力,流体采收率
	生产层段,压力梯度,流体界面
生产历史	油藏动态,物质平衡,生产剖面
流体取样	PVT分析,地层水取样

地震的垂向分辨率为5~10m,取决于数据的质量和地下的复杂程度。测井的垂向分辨率约为15cm,岩相数据的分辨率小于$1\mu m$(图1.8)。这是地质建模工作始终的挑战,尤其是将岩心、测井、试井得到的渗透率进行合并的时候。这些方法中,试井渗透率最接近真实的渗透率结果。因此也是地质家和岩石物理学家公认的、最简单的对可能高估或低估的孔渗关系进行校正的方法。

尺度和取样 油藏的范围通常为5km×5km×50m,约为$10^9 m^3$	
数据类型和探测范围	相对于油藏尺度的比例
常规岩心约为30~100cm³	10^{-13}
测井曲线约为150cm³ ❶	10^{-11}
试井数据约为$4\times10^5 m^3$	10^{-4}
地震子波约为125m³	10^{-9}
孔隙约为$10^{-12} m^3$	10^{-21}

图1.8 不同类型数据的探测范围及相对于油藏尺度的比例

地震数据是层面和断层数据主要的来源。通常认为地震解释会拾取正确的油藏顶面,但因为地震反射的固有性质,这通常是不可能的,而只是顶面构造附近的位置。断层数据的拾取也有同样的问题,因为在不连续的位置,地震的质量也会下降。后面将会讨论地震解释和深度转换中的挑战,这些挑战都受地震质量和分辨率的控制。

在缺乏地震数据时,井数据是分辨率最高的数据,但由于井数的限制,以及数据采集的成本,通常数据集并不完整(表1.2)。探井可能没有取心,而只有基本的测井曲线,而开发井就只有随钻测井数据。评价井将有最综合的测井和岩心数据,这些数据要求地震学家和地球物理学家进行详细的高质量分析。使用钻井液录井、取心、岩心分析数据校正测井信息。

电缆测井和随钻测井曲线提供了井筒中连续的、高分辨率的记录,记录中还包括非储层段信息,这对地震解释中地层层位的深度转换和地震不能解决的地质层序意义重大。井径和成像测井数据可以帮助构造解释和沉积层序分析。其他的测试还包括油藏压力和流体取样等。

❶ 原文为150m³,有误,测井曲线尺度应为150cm³,相应地比例也由原文的10^{-9}更改为10^{-11}——译者注。

综合压力梯度信息可以确定不同的油藏分区和流体分布,以及砂体连通性等情况。

1.9　构造和地层建模

　　构造模型所需数据来自地质解释的层位和断层经时深转换后得到,构造模型建立油藏格架,并体现出层内的地层要素。构造模型通常要包含整体的解释结论,从而反映出解释人员对区域构造历史的理解,在拉张盆地,常见正断层,而在挤压盆地,常见逆断层和走滑断层。沉积环境控制了油藏内部的分层,以及地层的对比和演化。在构造和地层模型建立以后,精细的网格模型就能随之生成了。

1.10　相建模

　　相模型是通过集成岩心、测井及沉积学分析的概念模式而得到的储层变化特征。建立相模型的目的是为了约束后续的属性模型,每种相都应有各自的孔渗分布特征。这有时可以很简单,比如分为好砂岩、中砂岩、差砂岩。如果储层质量可以归于特定的地质体或沉积环境,那么对应的非均质性就可以引入模型之中(图1.9)。受控于沉积相的分布,建模中可以选择基于点的建模方法或是基于目标的建模方法,基于目标的建模方法是将指定的相类型形成一种模式。比如泛滥平原或是碳酸盐岩台地相,可使用基于点的指示模拟,而对于河道或是滩体,可使用基于目标的模拟。无论哪种方法,都是为了更好地将地质体、储层的连通性体现在模型中。

平面非均质性			
	低	中	高
垂向非均质性 低	浪控三角洲(近端) 富砂的滨岸平原 障壁岛	河口坝 三角洲内前缘 潮汐沉积 富泥的滨岸平原	曲流河道(单条河道) 河控三角洲 海岸障壁潟湖
中	波浪改造的三角洲(远端) 风成沙丘	浅海砂坝 冲积扇 扇三角洲 三角洲外前缘 波浪改造的三角洲(远端)	辫状河 潮控三角洲
高	海底扇(浊积系统)	曲流河道(多条河道叠置) 辫状河平原	叠置的河道系统 叠置的三角洲体 叠置的海底扇体

图1.9　按照沉积环境分类的平面非均质性与垂向非均质性矩阵(Tyler和Finley,1991,由SEPM发布)

1.11　属性建模

　　笔者倾向于使用属性模型,而不是岩石物理模型这个词,因为这里的岩石物理概念与岩石物理学家的概念具有不同的内涵。属性模型是要表征孔隙度、渗透率、含水饱和度在网格上的分布。事实上,只有孔隙度应该采用随机方法,因为渗透率通常是孔隙度或是岩石类型的函数,含水饱和度通常与自由水界面以上含油的高度相关。如果已有了稳定的相模型,那么油藏属性就与储层构型直接相关。另一个争论的交点是关于净毛比和岩石物理下限值的使用;笔者认为如果相模型是属性模型的基础的话,那么这两者并非一定是必要的。关于属性模型的另一个问题是,应当使用总孔隙度还是有效孔隙度,如果储层模型体现了模型下限的条件,笔者认为就应该使用有效孔隙度。这在后面的章节中会进一步讨论。

最终的网格模型总是要在确定性数据和概率之间达成平衡,确定性数据是已知的,概率是在建模软件中指定的。通常,建模师要确定一口井是否钻遇了所有的相类型,或是确定一口井上钻遇相类型的概率分布。

1.12　模型分析和不确定性

在建模之前,对输入数据要进行统计分析,从而保证数据在建模过程中的正确使用。建模的结果也应作为质量控制过程的一部分,有句话叫"垃圾进去,垃圾出来"指的就是统计模型。需要对比输入数据和输出数据的均值和标准差,但是,如果建模过程中使用了某些趋势或是概念模式,那么属性的统计特征可能就不一致了。一个通常的错误的概念就是,井数据需要在模型中明确地表达出来,这只在单独应用井数据建立确定性模型的情况下才是正确的。

通常,静态模型常用于储量评估,或是连通体积的评估。应用随机模型可以建立给定条件下的多个实现。这个条件是由用户定义的,并且反映了不同的概念模式,比如水道方向、构造顶面等,这些都是已知的不确定性。多个实现是指每个条件的统计不确定性。通过对这些实现进行排序,就可以得出代表低、中、高实现的结果了,对应概率为 P_{90}、P_{50} 和 P_{10}。

记住,所有的模型都是错的,但某些模型是可用的。

1.13　粗化

粗化就是找出能够代表精细模型中一组网格的单一属性值,并将其作为粗化模型的网格属性。主要的挑战是在粗化模型中保持细模型中的内容;尤其是那些影响生产和采收率的,不同尺度的非均质性。即便现今计算能力和并行处理能力进步了,但还是很难对全油藏、精细模型进行数值模拟。油藏工程师初始化动态模型的时候,首先要保证含油气的总的孔隙体积与静态模型一致。为了获得孔隙体积的对应性,会用到简单的汇总方法;但当评价流动时,就会用到不同的渗透率粗化方法,这需要基于试井数据和生产历史数据(表1.3)。

表1.3　典型的油藏模型的成果清单,这些成果需要同行参阅

平面图	油藏顶面构造图,包含已有的和计划的井位,以及其他相关信息
对比剖面	剖面中包括地层顶面、油藏分层、流体模型,以及属性曲线
直方图	测井曲线、粗化的曲线,以及模型结果的对比,全模型汇总的统计和分层汇总的统计
自由水界面(FWL),气油界面(GOC),油藏分区等	包括公式和使用的流体界面,以及界面的范围。油藏的分区以及确定分区的依据。注意不同的断块是否具有不同的流体界面

续表

前期研究成果	列出前期研究成果,并指出这些成果对现阶段的参考意义和影响
平面图	从模型中提取的油藏的和分层的(层状油藏)油藏地层厚度图、储层厚度图、孔隙度分布图、孔隙体积分布图、有效厚度图,并标出井点位置上测井曲线平均的计算结果
平面图	油藏顶面和内部分层的构造图,体现断层的断距和井分层数据
对比剖面	4~6张贯穿全油藏的剖面,体现关键构造要素、分层和流体界面。4~6张剖面展示输入的层面数据和最终模型中的层面数据,尤其是在断层处和地层尖灭处
平面图	其他模型中使用的相关平面图,如地震属性图(AI),沉积相图(EI),产量分布图(PR)等
平面图	绘制出油藏中厚度小于调谐厚度的区域,从而便于讨论这类问题的处理方式
方程	展示方程及其来源,需要检查并保存方程的推导过程
平面图和剖面	展示相关的属性图及剖面图
不确定性矩阵	列出地下关键参数的不确定性范围与重要性的矩阵(可使用建模实现设计方案表格作为模板)
储量	展示储量表,可能需要同时展示历史数据

1.14　小结

油藏建模是极具挑战性的,但也是很有价值的。尤其是对地质学家来说,需要将所有的概念和硬数据集成到一起,从而得到最终的模型来评价和开发储藏。有必要啰嗦一句,"如果能够将油藏绘制出来,那就可以将模型建出来"。

第2章 数据收集和管理

数据管理几乎在任何建模项目中都是最重要的部分。约有 50% 的时间会用于数据的准备、加载和一致性检查。输入数据的质量对地质建模至关重要。如果输入的数据有矛盾,那么这些矛盾都将在模型的最后结果或是中间过程中暴露出来。修改数据总是要好于编辑最终的模型。

建模之前,首先要定义哪些数据可用,以及数据来源。很多公司会提出一套规范的数据模型和工作流。在建立软件工区时,要明确下列要素:

(1)模型的单位是什么;

(2)坐标系统是什么;

(3)使用的输入数据类型是什么;

(4)数据的格式是什么;

(5)数据的存储方式和存储位置是什么;

(6)建模的目标是什么;

(7)地质环境是什么,是否能够绘制出来;

(8)井数有多少;

(9)数据上是否有空间趋势或是垂向趋势;

(10)有没有类比物可供参照。

对于项目中所涉及的数据,应列出提供数据的时间表。有时,如果在关键研究节点通过之后补充了新的数据,那么项目的路线可能会完全改变。通常,需要确定一个补充数据的截止时间。

在项目开始之前就要检查输入数据的质量,并确定如何提高数据质量或是替换数据。数据前后不一致会导致大量的问题。有些数据之间的不一致问题是不能接受的:

(1)由于深度转化或是井的约束较差,导致层面存在交叉;

(2)由于绘图阶段较差的质量控制,导致层面存在奇异点;

(3)同一口井具有多个井轨迹结果;

(4)层面与井上分层不一致,存在多套分层方案;

(5)存在多个连井对比方案;

(6)岩心与测井曲线之间深度不一致;

(7)存在错误的岩心分析数据,导致较差的统计规律。

很多公司会建立统一的数据库来存储数据,Openworks™ 和 Geoframe™ 是比较常用的软件工具,也有其他如 Oilfield Data Manager(ODM™) 也在许多小公司作为数据库使用。公司数据库的管理不是项目团队的任务,但项目团队会经常访问数据库,并将完成的解释结果返回到数据库中。最好能在项目组中安排专人负责数据的组织和管理,包括项目数据的储存及其与公司数据库的关系。

建立一个简单的模型只需要很少的数据,但要把握油藏的不确定性范围,就需要很多的数据了。更多的数据以及更多复杂的模型,通常都是有价值的。

油藏建模的初始数据类型包括:

(1)地震解释和处理数据体;

(2)井数据,包括轨迹、岩心、测井和压力;

(3)试井和生产等动态数据。

建模开始过程中的关键一点是坐标系统,大部分软件工具都有局部坐标系统,这些坐标系统通常不参考全球投影系统中的地理坐标或是特殊的地理坐标系。但对于地震数据,因其采集时需要导航系统,因而就需要使用区域坐标系统了。

2.1 地震数据

地震数据可以提供井间的信息,无论是二维地震还是三维地震。地震解释的目的是为建模提供关键的层位和断层等构造格架信息。地震解释层面和断层信息包括时间域和深度域,二者之间通过速度转换。如果地震解释是在二维下进行的,那么还要在三维下观察是否存在不一致性。

2.1.1 地层

需要将时间域的地震解释层位和对应的转换后的深度数据加载到工区中。数据的格式通常是 X, Y 坐标,以及时间或深度域上的 Z 值。基于这些数据点,用常规的确定性算法成图,就可以生成构造面的等值线,这些算法通常包括收敛网格插值算法、样条插值算法,或是克里金算法,计算得到的层面要与井数据吻合,并包含涉及的断裂数据。与其他的建模流程一样,通常需要反复试错来得到"看起来"最好的结果。为了保证结果在模型中可用,通常还需要对其进行合理的编辑。

2.1.2 断层杆和多边形

输入的断层数据通常包括断层杆和断层多边形。时间域上解释的断层杆,是断面与地震剖面的交线,而断层多边形是解释层面上由于断层导致的层面错开区域的边界。通过地震解释断层是一项极具挑战的任务,因为这里存在很多不确定性,包括地震处理算法、速度场等。在地层不连续处,地震数据的质量通常较差,因而在此基础上对断层的解释就会导致更多的不确定性。还要在转换后的深度数据体内对断层进行解释,从而进一步提高解释精度。

2.1.3 面的交线

层面的交线包括下伏地层的剥蚀、顶超、下超边界线等,这些数据在时间域中解释出来,通常作为边界数据处理。

2.1.4 地震数据体

地震数据体通常直接加载到工区之中。如存在不同的处理结果,还会加载多套地震数据体。不同的数据体可以辅助构造解释,或加强属性分析。以前的做法是只对一套地震数据体进行解释。时间域和深度域的地震数据体既可用来显示,也可用于将解释的层位和断层与模型中的层位和断层进行对比。

2.1.5 速度模型

速度模型通常也会加载到工区中,包括以函数的形式、网格的形式,或是数据体的形式。

如果对数据体进行了深度转换,那么可以将整个深度域数据体加载到工区中,也可以只加载时深转换后得到的深度域的层面和断层解释结果。

2.2 井数据

井数据通常是平面上分布不均匀的点数据。相对于油藏,井数据所占据的网格数量非常少,但这仍是工区中的硬数据。这些数据的一致性至关重要,尤其是当包含很多井的时候,一致的井名和参考深度信息都要在加载之前仔细检查。不同的数据具有不同的存储和导出方式,还要求数据能够方便地筛选和过滤。

2.2.1 井轨迹

井轨迹数据应只保留唯一一种质量可控的测量结果。保证井轨迹的唯一性很重要,可以将老版本的测量数据移除,以免后面应用中发生混淆(图 2.1)。

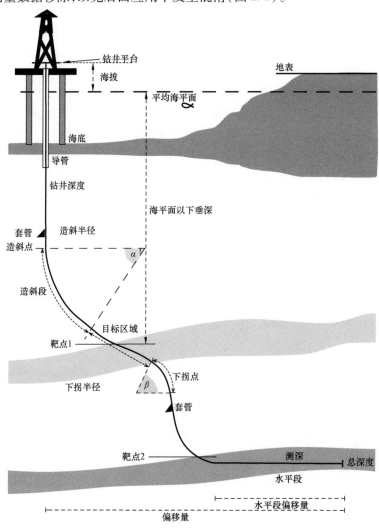

图 2.1 深度测量和井轨迹相关的术语(Cannon,2016)

　　井轨迹是通过对方向测量数据进行计算后得到的,并存储在数据库中。井轨迹数据中有的包含 X, Y, Z 等位置信息,还有的包含测深、井斜角和方位角等信息。数据应沿着井筒均匀采样,采样间隔应小于 $1m$(一般 $0.15m$)。建立将测深校正为垂深的算法,一般是最小曲率或是三次样条插值。

　　计算井轨迹的方法会影响测井数据与轨迹数据的吻合关系,三次样条插值算法在应用垂深计算测深时会造成一定的不确定性,最小曲率法正好相反,应用测深计算垂深时会造成一定不确定性。如果测井曲线与井轨迹测试曲线应用不同的井轨迹计算方法,那么就会出现井轨迹的问题。深度的不确定性也是造成层面与井点不对应的成因之一。

　　保证建模中有可用的、完整的、经过质控的综合测井曲线是很重要的。表 2.1 列出了曲线的清单,测井曲线的名字需在模型中进行定义。曲线在建模之前需进行处理,并在项目数据库中,或是指定的岩石物理数据库中整合到一起。这些数据会形成油藏建模的基础数据库。

表 2.1　建模中涉及的常规测井和特殊测井曲线名称

清单名称	描述	测量单位
ACCP	压缩波声波测井	$\mu s/ft$
ACSH	剪切波声波测井	$\mu s/ft$
ACST	斯通利波	$\mu s/ft$
BS	钻头直径	in
CALI	井径;井筒直径	in
CMFF	CMR 中的自由流体指数	
CMR3	核磁共振响应	s
DEN	体积密度	g/cm^3
DENC	体积密度校正	g/cm^3
FTEM	地层温度	℃ 或 ℉
GR	自然伽马曲线	API
GRKT	钾钍比	
K	渗透率	mD
KTIM	Timur 方法计算的渗透率	mD
NEU	中子孔隙度	含氢指数
PEF	光电吸收效应	Barnes 或电子
RDEP	深电阻率	$\Omega \cdot m$
RMED	中电阻率	$\Omega \cdot m$
RMIC	微电阻率	$\Omega \cdot m$
RSHA	浅电阻率	$\Omega \cdot m$
RT	地层实际电阻率	$\Omega \cdot m$
RXO	冲洗带电阻率	$\Omega \cdot m$
NGS	光谱伽马射线	API
SP	自然电位测井	mV

清单名称	描述	测量单位
TCMR	CMR 测井的弛豫时间	s
TEN	电缆张力	lb
TH	SGR 测井中的钍元素贡献量	无量纲
U	SGR 测井中的铀元素贡献量	无量纲

下面是很有益处的一些处理:

(1)将所有的曲线重采样到统一的采样间隔;

(2)为了进行多井分析,需对曲线进行环境校正和标准化;

(3)坏数据,比如声波曲线的尖峰和坏井眼数据,都应该排除;

(4)消除上下邻层的影响。

2.2.2 计算机处理—解释的测井数据

最初的岩石属性数据是解释得到的孔隙度和含水饱和度数据,表 2.2 列出了计算机处理解释数据的清单,这都是在建模时需要的。许多曲线数据在公司现有数据库中可能还不存在,如果需要,就要再补充一下。所有的曲线都应具有规则的重采样间隔。

表 2.2 计算机处理曲线结果及其在模型中的应用

CPI	描述	单位
BADHOLE	坏井眼	是/否
CALCITE	方解石	是/否
COAL	煤层	是/否
EFAC	电相	是/否
LIMESTONE	石灰岩	是/否
PAY	储层	是/否
PERM	渗透率	mD
PERM_NET	净渗透率	mD
POR_EFF	有效孔隙度	无量纲
POR_EFF_NET	净有效孔隙度	无量纲
POR_TOT	总孔隙度	无量纲
RESERVOIR	储层段	是/否
SAND	砂岩	是/否
SW_EFF	有效含水饱和度	无量纲
SW_EFF_NET	净束缚水饱和度	无量纲
SW_IRR_EFF	有效束缚水饱和度	无量纲
SW_IRR_TOT	总束缚水饱和度	无量纲
SW_TOT	总含水饱和度	无量纲
SWE_MOD	修正的有效含水饱和度	无量纲

续表

CPI	描述	单位
SWT_MOD	修正的总含水饱和度	无量纲
SXO_EFF	冲洗带有效含水饱和度	无量纲
SXO_TOT	冲洗带总含水饱和度	无量纲
TAR	沥青—死油	是/否
VCALCITE	钙质含量	无量纲
VCBW	黏土束缚水含量	无量纲
VCLAY	黏土含量(成岩作用形成的)	无量纲
VCOAL	煤的含量	无量纲
VDOLO	白云石含量	无量纲
VHALITE	岩盐的含量	无量纲
VLIME	石灰岩的含量	无量纲
VSAND	砂岩(石英)的含量	无量纲
VSHALE	泥岩的含量	无量纲
VSILT	粉砂岩含量	无量纲
VWAT_EFF	可动水的含量	无量纲
VWAT_TOT	总的水的含量	无量纲
VXOWAT	冲洗带中水的含量	无量纲

油藏建模中还要了解不同的解释数据是如何得到的,建模中需要的主要数据包括相曲线、孔隙度曲线、渗透率曲线,以及含水饱和度曲线。另外,有时还包含不同解释结果的不确定性的信息曲线。如果应用了旧的数据,那么团队里的岩石物理师还应对其不确定性进行解释,当然有时旧数据难以满足解释需求。

2.2.3　岩心描述

岩心描述主要用于地质分析,需准备下列图件以备使用:

(1)1∶50 的岩心沉积相描述;

(2)1∶40 的岩心构造描述,用于裂缝建模;

(3)1∶200 的孔渗描述,同时常附有测井曲线数据。

很重要的一点是要将测井深度与岩心深度进行校正。这期间,还要检查岩心收获率是否完整。表 2.3 列出了标准的岩心描述内容。

表 2.3　岩心描述中的标准命名

岩心柱塞	描述	单位
CORENUMBER	岩心序号	
CPOR	氦气测量孔隙度	%
CPORF	流体充填孔隙度	%
CPOROB	覆压校正的孔隙度	%

续表

岩心柱塞	描述	单位
CPORV	孔隙体积	无量纲
CPORVOB	覆压校正的孔隙体积	无量纲
CSG	含气饱和度	%
CSO	含油饱和度	%
CSW	含水饱和度	%
GRDEN	颗粒密度	g/cm^3
KHKL	克林伯格效应校正的水平渗透率	mD
KHL	水平液体测试渗透率	mD
KHLOB	覆压校正的液体测试水平渗透率	mD
KHOB	覆压校正的水平渗透率	mD
KHOR	水平渗透率	mD
KVER	垂直渗透率	mD
KVKL	克林伯格效应校正垂直渗透率	mD
KVL	液体测试垂直渗透率	mD
KVLOB	覆压校正的液体测试垂直渗透率	mD
KVOB	覆压校正的垂直渗透率	mD

2.2.4 岩心照片

岩心照片需要与岩心一起进行深度校正,将深度校正到曲线的对应位置。岩心照片是永久性数据,因为岩心常被反复拿取,在操作过程中易被打乱。最好是生成一条岩心—测井深度校正的曲线,并将其存储在相关的数据库中。这样就可以在所有岩心相关的数据处理过程中调用,进而保持数据的一致性。

2.2.5 岩心柱塞数据

来自岩心柱塞数据的测量结果也需要加载到油藏模型的数据库中。最终的孔渗数据需要经过埋藏校正,渗透率还需要进行气体滑脱校正,即克林伯格校正。

柱塞数据还可用于与岩心照片进行对比。

不正确的测试结果不应存储在数据库中,否则容易造成困扰。数据应首先进行深度校正,再进行埋深校正。

岩心数据与测井数据不同,采样间隔不规则,因此,只能看作是离散数据,而不是连续数据,不能在数据之间做插值处理。为了数据分析和属性建模,岩心柱塞数据需做深度校正,将其校正到对应的测井深度位置。

2.2.6 油藏分区

不同的学科可能会提出不同的油藏分区方案,比如地质学家划分地层层序,而岩石物理学家划分流动单元。需应用一套指导理论对不同尺度的分区进行集成。通常,地震解释可以识别出层面之间的层序变化,地层划分方案要有明确的概念,否则就应去除。其他的分层方案应存储在工区数据库中,但也需要有明确的定义,比如,流动单元应与地质单元相对应,从而才能确定其展布范围。

2.2.7 压力数据

压力数据也应存储在数据库中。数据通常不完整,并需要仔细核对。在对应的地层格架内,对比压力数据是很重要的,尤其是进行井间压力的对比,考察压力数据是否与局部隔夹层的解释一致,抑或是能否看到断层的分区。压力数据的单位必须统一,可以是 bar,也可以是 psi,也可以使用相对于大气压的读值,也可以使用相对于压力计的读值。不同的参考面会造成 14.7psi 的差异。

2.3 动态数据

2.3.1 流体数据

需要评价产出流体的属性,包括油藏条件下的、井筒内的、处理站内的,以及输油管线内的。关键的 PVT 属性包括:

(1)原始油藏流体的组成;

(2)油藏温度下的饱和压力;

(3)油气密度;

(4)油气黏度;

(5)油藏条件下溶解气油比;

(6)油藏条件下的液体组分;

(7)油气水的地层系数;

(8)组分随深度的变化特征;

(9)平衡状态下的相态组成。

油藏中的流体体积通常按照储罐条件下体积进行计算,因此压缩系数是一个关键参数。需要注意,压缩系数与油藏流体配置的过程有关。通常,压缩系数可以通过状态方程模拟计算得到,并使用实验数据对状态方程的参数进行标定。

2.3.2 试井数据

试井数据可用于确定有效渗透率,其相关数据包括如下几种类型。

(1)非稳态试井的原始数据:产量和压力。

(2)非稳态试井参数:射孔段和主要的解释数据。

(3)非稳态试井解释:渗透层厚度、表皮、流动边界。

(4)生产测井解释:井的油、气、水产量,以及压力分布。

2.4 重要的专项数据

2.4.1 特殊的地震体和地震测线

其中包括相干数据体、反演数据体、四维地震数据体、叠前深度偏移数据体等。这些数据体应与常规反射数据一起存储在工区中,从而方便观察和解释。

2.4.2 特殊岩心分析数据

特殊岩心分析数据需要规则取样,从而确定岩石物理解释参数和动态参数。测试的参数通常包括阿尔奇参数 a、m、n,阳离子交换能力(CEC)、毛细管压力、润湿性、相渗曲线等。这些数据都将被用于岩石物理评价,以及后续的动态建模。如果应用高级三维饱和度工具,如 Geo2Flow™,也需要这些数据。

2.4.3 成像测井和解释

由于其数据量较大,原始和处理后的井筒成像数据通常不是在线数据,多数时候是存储在磁带或是光盘之中,是服务商报告的一部分。理想状态下,其解释结果也应存储在工区数据库中(深度、倾角、倾向、倾角类型)。

2.5 概念模型

收集了数据,并评价了其可用性后,团队需要建立油田的概念模型,即确定本油田理想的模型是什么样子的,软件工具在缺乏确定性数据的时候,无法建立出有意义的模型。这些概念模型将决定最后模型的质量,包括构造模型、地层模型、沉积模型、属性模型,以及流动模型。

对地震数据的解释通常从一个概念性的粗略地质构造解释开始,在拉张盆地,常见的是地堑和地垒,在挤压盆地,常见的是反转背斜和逆断层,盐底劈或泥底劈会在沉积物之间形成盐墙或是泥墙。这些典型的特征都应在模型中体现出来,并且将地震解释结果与断层模型进行对比,需要注意的是,这些特征可能会因为速度模型,导致其在时深转换时被抹掉了。

地震解释还可以提供大尺度的地层对比关系,这些构成了地层模型的基本格架,格架内部的地层就需要通过井对比来实现了。地层对比的精细程度和类型有时会导致模型出现过分确定性,使模型变现得像千层饼一样,地质统计对模型的作用变成了简单地平均,而不是随机分布。地层对比的方案可能有很多,要从中选择一个最能够代表地质情况的,并可以反映影响流动特征的方案,这在后面会进行更充分的讨论。

关键的概念模型是对油田沉积相的认识。通过岩心、测井、地震的解释,可以确定沉积相为陆相、海相,抑或是深水相沉积,在不同的背景之下,模型的具体表现是什么样的呢。碎屑岩储层常发育在风成环境、冲积环境、河流—三角洲环境、浅海环境、深海环境,而碳酸盐岩储层通常发育在台地、缓坡,以及生物礁环境。每种环境都可通过不同方法进行模拟,但基本的原则就是确定哪些储层中流体是能够流动的,哪些储层中流体是不能够流动的,这就引出了对流动单元和岩石类型的讨论,这是后面要讨论的一个主要话题。这需要从沉积要素模型开始,并应用井数据对曲线数据进行标定。

属性模型将受到趋势体的控制,趋势体需要在地质统计模型建立之前确定,同时要记得,属性数据要满足稳定和正态分布特征。比如,孔隙度数据随深度的增加而减少,这是因为压实和成岩作用导致的,含油层和水体中的孔渗数据的差异也很常见。当数据分区明显时,需要分区进行模拟,换句话说,就是不要将两组数据合并平均,而是将它们分开处理。

最终,流动模型(壳牌公司使用的术语)要体现出不同储层单元之间的渗透率对比,其将影响驱动机理,这对于存在活跃水体,或是存在水平井锥进时尤其重要。

2.6　小结

　　项目开始之前,要落实一些问题:包括是否有概念模型,是否可以绘制沉积环境模式,哪些信息是未知的,研究中做了哪些假设,是否有足够的数据,是否有正在进行的并可能会影响结果的研究,井位是否均匀,在时间允许条件下,能否实现研究目标。

　　当准备所有的输入数据时,建模师似乎成了全能的地质家,他需要了解地震解释、储层地质、地层学、岩石物理,以及油藏工程。还要认识到数据解释中的不确定性,而不是简单接受数据。对数据唯一的解释只能得到储层一种确定性的结果。此外还将使用三维油藏模型,通过随机方法测试其不确定性。

第3章 构造模型

构造建模是建模的第一步,是表征油田的大尺度地质情况最关键的环节。需要油藏的顶面构造、断层,以及一个油藏的底面。构造建模的目标是建立油藏格架,进而对油藏进行网格化和动态模拟。格架要能够体现影响流动的大尺度的非均质性,比如断层和不整合面等。建立油藏格架还要应用钻井数据、地震数据、可识别的断层数据,以及三维属性数据,包括相干数据、层面倾角、走向信息等。地质家需要对所有的可识别断层、裂缝,以及储层的不连续性进行描述,这在油藏生命周期内很重要。地质家、建模师、油藏工程师要一起来确定如何建立构造模型。

3.1 地震解释

构造解释主要基于对二维和三维地震数据的解释,本书的重点不是介绍地震解释的过程,但有必要讨论一下地震解释中的假设及其不确定性。笔者推荐读者参考《三维地震解释》(《3D seismic Interpretation》)一书中对该问题的讨论(Bacon 等,2003)。地震解释人员通过地震资料寻找潜在的油气圈闭,这些圈闭可能是构造的,也可能是地层的(图 3.1),也可以通过地震资料寻找直接的油气显示。数据的质量和数据体的范围决定了从中能够获得的信息,从一组二维测线中获得高分辨率的解释是不可能的。通常,对区域地质条件的了解能够积极推动构造解释工作,在拉张区域常发育正断层,后期的断层活化还会导致单个断块的抬升。而在挤压区域常发生逆冲断层和沉积物的滑塌。地震解释中非常重要的一点是要体现地质概念,因为构造模型正是对地质概念的反应。

地震数据测量的是双程旅行时,声波传播到反射面,然后反射回接收器。地震反射测量的是两种不同岩石的弹性差异,也就是反射系数。反射系数可以通过声波和密度曲线进行估计(图 3.2)。在胶结良好的砂岩或石灰岩与泥岩的界面处,反射系数的对比最大,但在泥岩盖层与砂岩储层之间,对比可能并不明显,尤其是在渐变边界的位置,换句话说,拾取油藏的顶面并不容易。因此,与解释人员落实数据质量和分辨率是非常重要的,尤其是在构造翼部和断层附近。按照经验,地震数据的垂向分辨率通常在 25~50m 之间,这取决于埋藏深度和上覆地层的情况。断层解释的误差在平面上为 100~200m,这与模型网格的平面尺度一样。地震数据的质量、地震解释的范围,都应依据油藏建模的目的来确定。

地震解释层面通常用一组时间域上的,可连续追踪的点或线来表示。但只有点集可以进行深度转换,这些点可以在深度域上重新网格化。解释的层位须与井点数据保持一致。所有解释的主测线和联络测线要保持一致的间隔。先在层位明确的区域进行解释,层位不确定性较高的区域要与其他区域分开,并使用不同测线间隔进行解释。

时间域上简单的成层性并不多见,应将不连续的地震界面与沉积序列联系起来,比如斜坡环境中。如果存在这样的不连续地震相,对于建立概念模型是非常有益的(图 3.3)。时间域上可以生成封闭的多边形边界来描述剥蚀区的范围,模拟目标区的移动路径和所有横向连续性信息,可极大提高地质模型的质量。

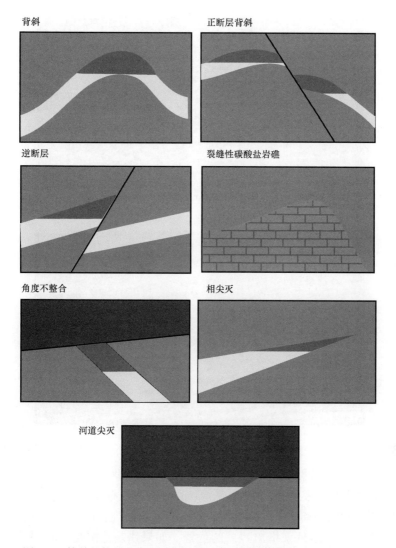

图3.1　简单的构造和地层圈闭机理实例,这些都可在 3D 模型中实现

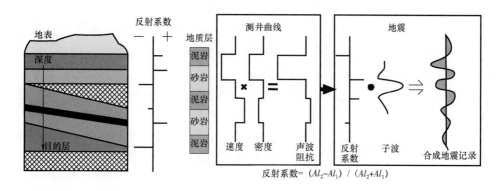

图3.2　地震波在岩性界面生成的反射系数,可用于生成合成地震记录,从而用于深度转换(Cannon,2016)

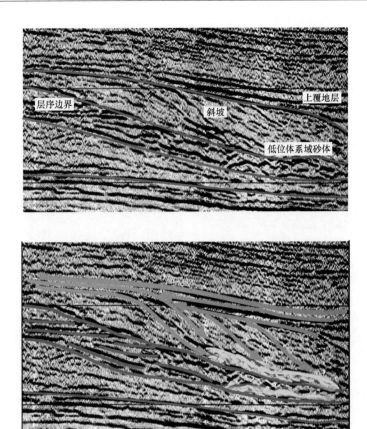

图 3.3　层序地层实例,用于解释大尺度的地震特征,通常是从低位体系域到高位体系域的循环

二维或是三维的地震属性图可以表示地质特征,这也是地震解释的成果之一。对不同属性进行测试,找到地质与地震之间的关联,从而可以提高地质模型的质量。

地震解释中有很多不确定性,这与数据的质量有关,有时也可能源自错误的解释结果。需生成解释成果的不确定性图件来指出残差的位置。如果残差范围是 5ms,那就意味着地震解释的反射面与对应合成记录的反射面存在 5ms 的误差。地震解释的不确定性的来源主要包括以下四个方面。

(1)井震标定——地震剖面上的反射记录与井上的反射记录可能并不对应,较差的地震分辨率会导致 10 ~ 20m 的差异。对比地震时深转换的深度与井点上的对应深度,小于 5m 是可以接受的,超过 10m 则认识为存在严重的问题。

(2)地震拾取——反射界面的不连续也会导致不确定性。解释人员经常发现其追踪的反射界面上下波动,这在进行深度转换以后还需进行校正。

(3)成图——地震反射强度随深度的增加而减小,或是由于高速层对声波能量的衰减而变弱,导致较差的振幅反应和较低的分辨率,在断层附近,声波消散也会进一步导致图像的衰减。

(4)深度转换——很多时候,这个过程都会导致地震解释的系统地不确定性。为了构造建模的需要,需要关注这一过程的不确定性。

有经验的解释人员将正视这些挑战的客观存在,即在解释层位附近存在一个不确定性范围。这可以描述为测量的不确定性,同时也有纯粹的解释不确定性。因此,需要在后面的不确定性分析流程中对变化和容差进行定量分析。

3.1.1 时深转换

速度分析是建立地震格架的重要环节。分析需要找到速度趋势和速度函数来生成合适的速度模型,从而完成深度转换。重点是基于观测数据找到所有可能的关系并获得最佳的深度转换模型,正确的地震时深转换需要稳健的速度模型,进一步地就可以在深度域进行构造解释了。

速度信息的来源有两个,井数据和地震图像。通过井数据,可测量某个点的弹性属性(v_{iint},瞬时层速度),某个指定深度段的弹性属性(v_{int},平均层速度),以及整体的弹性属性平均速度(v_{ave},平均速度)。瞬时速度来自声波曲线,平均速度来自垂直地震剖面(VSP)。通过地震图像得到的速度数据是间接计算结果,主要来自地震数据处理和优化,比如常规传播速度(v_{nmo})、均方根速度(v_{rms})或是偏移速度(v_{mig})。

瞬时速度:

$$v_{inst} = \frac{\mathrm{d}z}{\mathrm{d}t} \tag{3.1}$$

式中　v_{inst}——瞬时速度,m/s;

　　　$\mathrm{d}z$——深度微元,m;

　　　$\mathrm{d}t$——时间微元,s。

层速度:

$$v_t = \frac{z_m - z_n}{t_m - t_n} \tag{3.2}$$

式中　v_t——层速度,m/s;

　　　z_m——m 层的深度,m;

　　　z_n——n 层的深度,m;

　　　t_m——m 层的时间,s;

　　　t_n——n 层的时间,s。

平均速度:

$$v_{ave} = \frac{\sum_{i=1}^{n} z_i}{\sum_{i=1}^{n} t_i} = \frac{\sum_{i=1}^{n} v_i \Delta t_i}{\sum_{i=1}^{n} t_i} \tag{3.3}$$

式中　v_{ave}——平均速度,m/s;

　　　z_i——第 i 层的地层厚度,m;

　　　t_i——地震波在第 i 层的传播时间,s;

　　　v_i——第 i 层的地震波层速度,m/s。

均方根速度:

$$v_{\mathrm{rms}}^2 = \frac{\sum_{i=1}^{n} v_i^2 \Delta t_i}{\sum_{i=1}^{n} t_i} \tag{3.4}$$

对速度的分析应与地震解释并行,从而获得对整个油田时深关系的更好的认识。速度分析的中间成果包括:

(1)速度模型(在每个层或每个地质体中各不相同)、时间平面图,以及速度平面图;

(2)井点误差,生成每个层的速度不确定性平面图、深度不确定性平面图。

当地层中存在超压情况时,要提高速度模型的质量,在足够细致的网格下进行解释,从而支撑速度建模。速度模型要求在油藏顶面以上至少解释一层,在油藏内部解释若干层。速度模型的目的是把握影响地震时深关系的地层边界,因此其与地质模型不同(图3.4)。

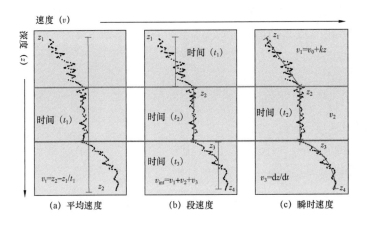

图3.4　速度函数的实例,这些速度用于深度转换,图中展示了不同附加数据对速度类型的影响,
分析压实细节时,需要校正的校检炮和 VSP 数据(引自 Schlumberger – NExT)

速度模型建立以后,深度转换只是一个简单地处理。只需将解释的点数据(层面、断层杆、地震体)从时间域转化到深度域即可。

时深转换过程的结果都应保存在工区数据库中,并进行归类,包括:

(1)深度域的层面(点数据);

(2)深度域的断层杆(点数据);

(3)深度域地震数据体。

前面两个数据是油藏格架的基础。这些结果需要与井数据相匹配,调整的程度不应大于速度模型的不确定性。确保只对解释的点数据进行了深度转换,而不是插值结果或是网格结果。从源头对深度转换的网格和断层进行质量控制。对于新的解释成果,确保其落在速度模型的不确定性范围内。

3.1.2　对时深关系的解释

对层面和断层的解释通常在时间域下完成,但如果速度模型可靠,很多解释就可以在深度域下开展。

在深度域下进行解释的优点是,在地震资料较差的区域,可以通过地质认识对解释结果的合理性进行评价,从而得到更合理的解释结果。在时间域,解释人员需要考虑地震波传播的影响。在深度域解释的另一个优点是可以简单地与井数据进行匹配,对断层附近的解释也更简单。地质工作是在实际空间中进行的,因此在深度域中进行插值也更容易。地震剖面也可以作为井对比剖面的背景,并辅助井的对比,从而使井间对比的结果更合理。

但急于将地震数据转换至深度域的缺点是,如果有新的信息导致速度场发生了变化,那么工作还需随之反复。概括来说,深度的转换与速度模型的质量相关,且与工区的井控程度有关。

3.2　断层建模

建模中,为了提高储量计算的精度,并能够更好地理解油田中的储量分布,通常不使用简单的垂直断层。断层模型能够在模型中引入分区,从而解释油藏中的压力变化。断层模型还可以帮助理解油藏的连通性,从而提高地层模型的质量,并加强对圈闭潜力的理解。

断层建模是在三维条件下绘制断层形态的过程。这个过程可以通过断层线或是由地球物理学家提供的断层信息,直接确定构造层面在某一深度的连续性,断层信息一般以断层杆或是断层中线的位置和深度的形式表示。断层模型可能是时间域的,也可能是深度域的。时间域断层模型可与地震数据进行比照,因而质量控制相对容易。断层建模通常包括五步。

(1)准备并将输入数据指定给对应断层。断层建模可使用不同的输入数据格式。必须对输入的数据进行定义。

(2)生成断层格架,在软件中,对断层几何形状和削截关系进行定义,就可以生成断层格架了。有时还需要定义断层的上下盘(图3.5)。断层网络可以使用软件自动生成,也可以由用户手动进行数字化。

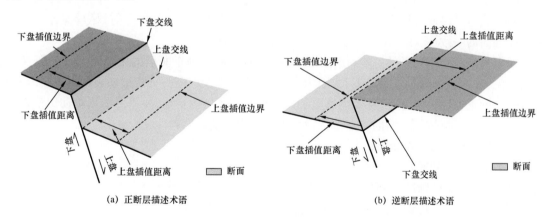

图3.5　正断层和逆断层的常规描述术语,插值距离是软件建立断层时的插值段(引自 Emerson – Roxar)

(3)生成断层面,断层面的网格化可以基于任何描述断层空间位置的数据。常用的数据类型包括,带深度的断层中线、断层杆、断层面、断层线或是断层多边形。

(4)生成层面线,层面线是断层与相关层面的交线,这些线定义了断层在网格中的位置和断层的断距。这些线通过手动或自动的方法生成,就是通过调整断层的影响距离和层面数据的插值距离来控制(图3.6)。削截和连接都可以自动生成,就像在建立断层格架时那样定义。

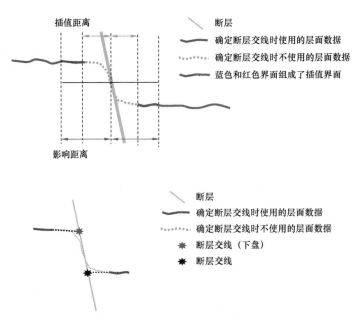

图3.6　模型中用来生成层面的相关术语(引自 Emerson – Roxar)

(5)调整层面和断层的关系,断层建模的最后一步是保证层面与断层贴合。这一步需要通过对断层附近的层面数据重新进行网格化。

不同建模软件提供了不同的断层建模方法,但通常使用相同格式的断层和层面输入数据。常用的方法包括简单网格方式、基于断层柱建立的角点网格方式,以及基于体积的方式,基于体积的方式是直接通过地震解释的构造格架成果建立断层模型。工作之前,尽量保证输入的断层和层面的一致性,在三维和二维下调整编辑构造非常麻烦。

地震采集和处理质量的进步,使地震可以提供越来越多关于断层的细节信息。对于油藏建模来说,体现所有的断层意义不大,因为在动态模型中,很难将所有断层都表征出来。因此,需对断层的重要性进行分级,从而能够更加实际地表征断层的特征,要将那些影响油田动态的断层表征出来。可按照下面的特点选择模型中需要表征的断层:

(1)界定油藏的边界断层;

(2)将油藏切割成若干分区的分区断层;

(3)有井钻遇的断层,即要与硬数据吻合;

(4)其他地震上可识别的、影响流体流动的断层;

(5)其他可以识别的、可能影响传导性的断层;

(6)那些在岩心和测井上可识别的裂缝,可以通过渗透率属性上附加的系数来表征。

这个阶段还应该对油田构造进行精细分析,从而确定断层的特征和接触关系,最好能形成构造的宏观概念。

3.2.1　断层解释结果的处理

（1）断层面的解释要与解释层位对应。有时断层只在某些层位发育，但其长度应是完整的。当存在断层削截时，断层的解释范围要不限于削截部分，从而才能够更好定义削截线的形态。

（2）每个断层都需要单独命名，并能够在整个建模过程中可追踪。断层命名方式将在下文给出。

（3）解释断层多边形的方式常用于处理断层附近难以解释的位置，在复杂的断裂区域，地震数据质量下降，需要在地震数据上直接解释断层线。可以沿着断层走向，连接断层和层面的交点来生成多边形。

（4）解释断层中线的方式常用于通过属性或相干数据解释断层的情况。断层中线需要在所有的层位进行解释。在建模过程中，还可以对断层中线指定合适的断距。

3.2.2　断层的命名

作为断层解释的一部分，应对断层进行命名，以便在后面的模拟过程中使用。注意有些软件会限制断层名的字母长度。

推荐的断层命名方法见表3.1。当断层存在分支情况时，断层 MF2 可拆分为 MF2A 和 MF2B。拆分断层时，需考虑时间因素，老断层会被切割，新断层保持不变。

表 3.1　断层分类和命名实例

断层类型	断层名	断距
主断层	MF1 – MF99	>50ms TWT
次断层	F100 – F299	10~50ms TWT
地震不能分辨的断层	NRF300 – VRF699	<10ms TWT

需要对构造解释结果进行反复的质量控制，生成断层投影从而保证断层连接关系和平面形态在地质上的合理性。需要检查断层与断层之间，断层与层面之间的一致性（图3.7）。一旦完成了这些检查，就可以生成断层格架模型了。初始的断层格架模型可以只包含分隔油藏的断层，其他断层可后期陆续添加。有了主断层就可以估计总的岩石体积，并检查基本的构造要素了。

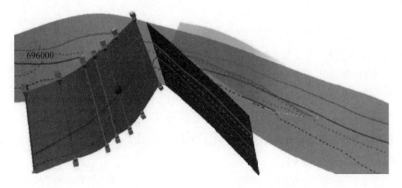

图 3.7　层面交线的实例，用断层面和断层编辑简单的和复杂的断层结构（引自 Emerson – Roxar）

对断层进行了质量控制,并建立了断层格架,就可以将其与深度域的层面相结合了。Ringrose 和 Bentley(2015)提倡使用解释的点数据作为输入数据,从而能够更好地进行质量控制。尤其是检查那些解释不是很过硬,需经过拖动调整才能与断层匹配的点。最好是检查那些原始的解释成果,而不要检查那些经过成图或者平滑的点。接下来是在断层格架之间生成层面,从主要的层面开始。该工作可能需要反复多次,尤其是模型中需要包含所有断层的时候。建议从表征大断层开始,再逐步补充小断层。需要注意的是,每个断层都会对网格质量造成影响,可以酌情忽略那些对流动没有影响或是影响很小的断层,将其留在数值模拟中去处理。

断层格架定义了断层的关系、方向、形状,以及断距。大断层会分隔油藏,而小断层只是在油藏分区的内部断开了层面。在网格系统中,使用平面长度等于对应层位断距的断层杆来表征断层。最后,模型还需要一个网格边界,也就是研究区的范围,这需要基于输入数据或是模型的展布范围来确定。网格的边界要与主要断层的方向或是储层中的流动方向一致,从而提高数据处理的效果。如果使用水平井开发油藏时,网格的方向有时也会沿着水平井的方向,这在非常规油藏中非常常见。此时,建议使用直角网格,而不采用非结构网格;再强调一下,这些工作都要在开展动态模拟之前进行考虑,从而改善数值模拟的收敛性。同时直角网格的粗化和旋转也相对容易。

3.3 层面模拟

层面的模拟与后面第四章的地层建模内容相关。首先,要保证网格的一致性和网格质量。模型中层面反映了大尺度的地质关系,这需要通过地震解释得到结果,层面需要表示出层序的顶底、剥蚀现象,或是不连续界面。在每种情况下,层面之间都有特定的截断规则(图4.1)。最简单的是整合关系,这种情况下,层序内部的网格不会变形。

观察断层附近层面和断层的关系、层面与断层交线的形态,这些工作都很耗费时间,但很有意义。通常提高断层和层面关系质量的方法是调整断层附近层面的插值范围。改变断层两侧层面外推的算法,这主要取决于构造面的倾角(图3.6)。如果断层两侧地层厚度发生了明显的变化,那么通常需要设置不同的插值参数。最终的目的就是尽量使模型的网格正交化。

3.4 质量控制

在建模过程中和建模之后,需要进行下列检查:

(1)输入的数据已经正确地归入了对应的断层;

(2)保证断层组合是正确的;

(3)保证断层格架与输入数据相符;

(4)检查断层之间的削截关系是否进行了很好地定义;

(5)断层符号必须与断层性质一致,包括正断层、逆断层,或是未进行定义的断层;

(6)保证断层的倾向正确;

(7)如果存在"Y"形断层或是铲式断层,那么需要对这些断层方向进行定义;

(8)检查断层面与输入数据是否一致;

（9）保证定义的削截断层之间有明确的交线；

（10）保证断层的断距没有奇异点；

（11）保证在各个层面上，断层和层面的交线没有相互交叉；

（12）保证在正断层情况下，断层下盘层面与断层的交线是实线，而上盘层面与断层的交线是虚线；

（13）保证模型中定义的逆断层确实表征为了逆断层。

3.5　构造不确定性

构造模型的不确定性主要来自地震解释和后续的时深转换、层位的拾取、层位的标定，以及速度模型等都会在油藏格架中造成误差。较差的时深关系会导致对总岩石体积估计的较大误差，有时可能会达到30%（图3.8）。有时较大的误差是系统性的，而非随机误差，其反映了数据分析过程中的错误，比如只使用开发区内部的井来模拟构造。较小的误差可能反应的是地震数据较差区域的错误的层位标定。对构造不确定性的把控将在后面不确定性管理部分具体论述。

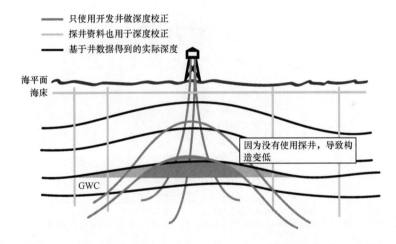

图3.8　只使用开发井进行时深转换的潜在影响（因为没有使用外围的井，深度转换只是基于有限的压实量分布特征，导致构造在远离井的位置变低。此时，储量将减小30%）

3.6　小结

建立构造模型非常耗时，因此最好从油藏的主要特征开始。基于一个或两个解释层位及主要的边界断层，建立稳健的构造模型，之后再补充细节。如果模型还要用于动态分析，那么基于这些要素建立的简单网格的模型就是最好的解决方案，细节方面可以在后续的相建模阶段实现。

第4章 地层模型

通过将地震解释的地层层面和井点识别的重要层面加入构造模型中,建立油藏格架:这里的界面来自两个数据集,即井点上的分层和通过井点约束的地震解释成果。建模需要的是油藏的顶面和底面,理想情况下通过地震解释得到。油藏内部的地层层面通常由井点数据对比得到,同时还要结合等厚图进行控制。油藏内部分层反映了影响流动的主要地质变化。这些变化可能包括沉积环境、非均质性类型,以及相类型和延伸方向等。得到正确的小层数据,可以帮助建立最终的三维网格模型。

选择合适的层数是建模的重要环节,通常层数越少越好,一般是先快速建立大尺度模型来评估所需的精细程度。在构造建模中,这一步需要指定层的类型,层是否在整个模型范围内连续,或者被其他层所剥蚀,抑或是属于层序的底面(图4.1)。这些选项反映了油藏层序的沉积背景和概念模式。通常有必要检查模型中层面之间的关系,从而确定模型的层序是否正确。

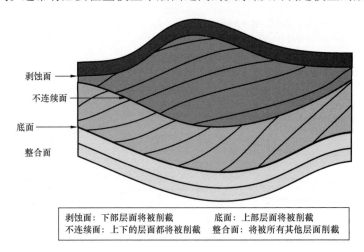

剥蚀面:下部层面将被削截　　　　底面:上部层面将被削截
不连续面:上下的层面都将被削截　　整合面:将被所有其他层面削截

图4.1　模型中不同类型层面的分类和影响(引自 Schlumberger – NExT)

选择层面类型涉及岩性地层理论或是层序地层理论(图4.2)。这取决于地质解释的水平,以及储层构型的复杂程度。通常,等时地层方法需要更充分地综合应用地震数据;因此,基于层序的地层划分效果更好。井的对比关系会影响储层的连通性,岩性对比方法会将储层只划分为砂体和非砂体,而忽略了井间的相变。所有这些都取决于对油藏格架的理解,以及在模型中所要体现的内容。

4.1　有多少层

层就是地质模型中的一个纵向单元(图4.3)。在通常的地质制图中,层就是制图单元,也就决定了模型的垂向分辨率,对应在三维地质模型中,相当于在每个层建立一层网格,也是一种对模型的简化。通常,模型中的层越少越好,还要尽量使用每个层内的趋势体或者相图来代

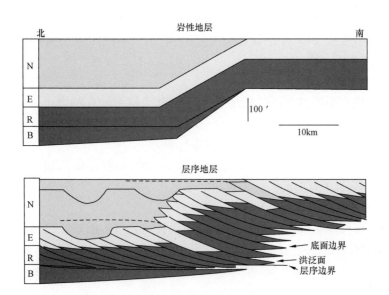

图 4.2　北海地区 Brent 组河流三角洲系统的岩性地层与层序地层的对比(Wehr 和 Brasher,1996)

替二维研究中使用的平面图,从而达到所需的垂向分辨率。一般情况下,网格模型会与老的图件模型采用相同的分层方案。另一方面,也要认识到,相图是精细的相模型的替代品。通常有些误区是在模型中划分了太多的层。

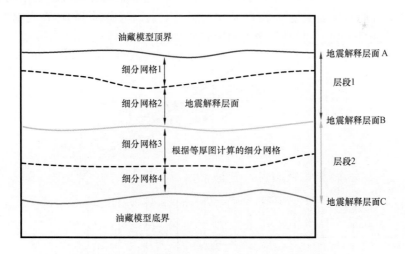

图 4.3　网格模型中的层面、小层、网格概念示意图

4.2　多层网格或是单层网格

模型中网格可以是单层的(SZG)也可以是多层的(MZG),这取决于建模团队的需求,包括计算速度、精度,以及对模型的简化情况等。

使用 MZG 的原因是:

(1)如果使用单层模型,那这一个层就是所有数据的平均;

(2)如果使用多层模型,相关操作可以在所有层并行开展,也可以分层进行;

(3)断层建模会变得简单,全油藏都划分了网格,但如果使用单层模型,那么断层性质在不同的层之间可能会不一样。

使用 SZG 的原因是:

(1)如果只对模型中的某个或是某几个层研究,那么使用 SZG 就会比多层网格快得多;

(2)初始化过程中可以选择相互独立的井数据,比如有的井在某些层段井况好,而在某些层段井况差,那就可以灵活地选择合适的井段进行研究;

(3)如果使用 MZG,所有层段的平面分辨率都要一致,也就是说,如果某个层需要对网格进行特别的细化,那么,所有层的网格都要随之细化;

(4)使用 SZG 可以使团队多个人同时开展工作。

使用 SZG 时,即便单层模型完成了,在合并时仍会遇到很多困难,因此最好能在建模之初就对网格进行规划设计。

4.3　井间对比

井间对比是为了建立地层格架,虽然关于计算机自动对比的研究已经有了很多进步,但完成这项工作还是需要较强的综合能力。井间对比控制了油藏的格架,因此,这是模型的关键性要素,不能犯错。对比的核心是找到标志层,有时还要识别地层的剥蚀特征。对比的层面可能是等时的,也可能是岩性的,还可能要结合压力数据,因此不能只是通过层上平均的岩石物理数据进行对比。井间对比需要使用 TST(真实地层厚度),因为有时 TVD(真实垂直深度)也会对地层进行拉伸或是压缩,尤其是使用大斜度井的时候(图 4.4)。

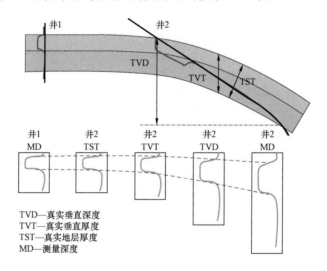

图 4.4　地层对比中的不同深度概念

井间对比是模型分层的前提,因此要尽量简单,但要反映出概念模型的特征,并解释井间地层厚度差异的原因。在井上识别出标志后,就要生成对应的深度域构造图,深度域构造图中可以反映出不合适的分层方案,可以提示建模师和地质家对井间对比方案进行完善。等值线图也可以帮助检查数据的趋势,或是不正常的厚度变化。在有大量井数据的时候,通过井点数据插值得到的等值线也是建模的重要数据。

4.4　地质网格模型

　　构造模型和地层模型确定了油藏的地质格架,同时也是模型最大的不确定性因素。地质网格模型这个术语主要用于描述三维模型,这个三维模型包含油藏中所有小尺度的构型特征,并将用于最终生成相和岩石物理属性。对内部构型的建模不能离开沉积概念模型和油藏的动态特征。

　　模型层的内部是网格,这些网格要反应沉积物的沉积构型,以及相组合的尺寸。从而,沉积物的组合模式,包括上超、下超、顶超、截削等现象,都要在垂向上表征出来。如果要模拟特殊沉积体的形状和规模,那么相关的参数也需要在网格中进行定义。在这个阶段,沉积学家最能够对模型的设计提出指导意见。

　　网格在平面 x、y 方向上尺寸的变化能够影响流动的各向异性。油藏工程师应使用已知的动态数据辅助确定模型的构造。如果采用了流动单元的概念,那么控制流动单元展布特征的因素也应体现在模型网格的设计之中(图 4.5)。

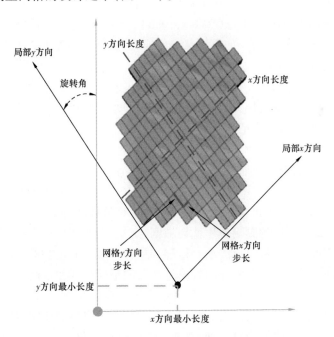

图 4.5　网格模型中涉及的网格方向、长度术语(引自 Emerson – Roxar)

　　在建立模型网格之前,需要确定影响流体流动的非均质性尺度。这既与地质因素相关,也与后续的动态模拟有关。通常需要考虑以下几个方面:

　　(1)现有数据能否确定非均质性的尺度;

　　(2)网格的尺寸是否能够体现研究目标的非均质性尺度;

　　(3)是否有足够的时间来建立精细模型,且是否有必要建立精细的模型;

　　(4)对于建模工具来说,能否实现建模目标;

(5)非均质性对流动的影响是什么。

最后是与渗透率、流体充注和开发机理相关的几个问题,如果渗透率的非均质性超过一定量级,那么就有必要建立三维模型。这被 Ringrose 和 Bentley 称为"Flora's 法则"(表 4.1)。气田通常采用衰竭开发,除非储层是层状的,或是需要采用水平井开发,否则通常只需要物质平衡模型。如果一个油田采用水驱开发,当储层渗透率大于一到两个数量级时,就需要进行建模了(Ringrose 和 Bentley,2015)。

表 4.1 受渗透率非均质性、流体类型、开发机理影响的 3D 模型表征精度的需求

开发机理	无水体	有水体	水驱	气驱或蒸汽驱
3 个数量级的渗透率非均质性	选择性表征	表征	表征	表征
2 个数量级的渗透率非均质性	不表征	选择性表征	表征	表征
1 个数量级的渗透率非均质性	不表征	不表征	选择性表征	表征
流体	干气	凝析气	轻质油	重质油

不同的非均质性在不同的尺度下影响储层的连通性、垂向上的和平面上的波及体积,以及岩石和流体之间的相互作用(图 4.6)(Weber,1986)。在大尺度下,隔层和半封闭的断层对油藏的连通性和波及体积影响最大。如果渗透率差异大,那么相边界也会成为流体流动的阻碍,比如河道和泛滥平原之间的相变。沉积的隔夹层也会成为流体流动的障碍,在水体侵入或水驱时起到阻挡作用,从而降低波及体积。岩石和流体的相互作用是孔隙几何尺寸和矿物类型的函数,将影响润湿性和毛细管压力,这主要在微观尺度下发生。一些研究性工作,尝试过对纹层和孔隙尺度的非均性进行表征。

大尺度的储层构型是储量、泄油范围和波及体积的主要影响因素,进而影响可采储量。泄油范围和波及体积受储层单元连通性的控制,这主要与净毛比相关。储层成因单元的建模是表征储层构型的关键(Weber 和 Geuns,1990)。这些单元构成了基于目标模拟方法的基础(图 4.7)。流体流动不只受到大尺度储层构型的影响,还有流体属性和孔隙介质的作用。另外,如果流度比较大,那么非均质的影响作用就会加剧。

应尽量保证格架的简单,从而形成相对稳健的模拟网格,避免对网格的手动调整,这样在更新模型时就会相对简单,尽量在一开始就确定油藏的平面分区和垂向的分层单元,否则后续的调整会非常困难,首先表征大尺度非均质性对流体流动的影响,同时考虑粗化和细化的策略。一套稳健的地质网格,以及网格内的各项属性就构成了完整的地质模型,就可用于储量计算、井位设计等研究了。在模拟阶段,模型通常还需要进行粗化。

4.5 地质网格设计

地质网格可以是角点网格,也可以是矩形网格,因为断层对油藏非常重要,因此推荐使用角点网格系统。本章主要针对角点网格系统进行介绍。如果地质模型后续还要用于模拟,那么油藏工程师也应参与到网格的设计工作中。

模型的一项重要成果就是一套代表油藏几何形状的网格体。这个成果的形式就是由网格设置方案所确定的。进行网格化时,一般会与两个目标有关。

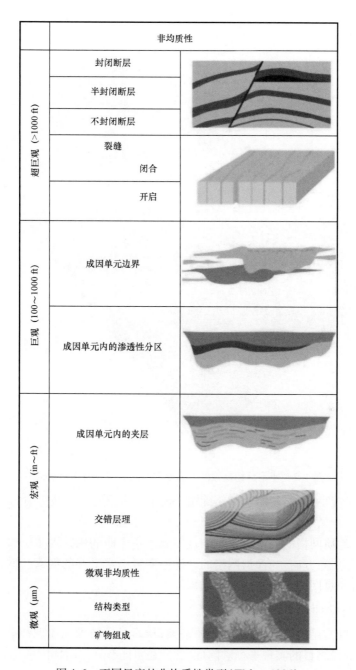

非均质性		
超巨观 (>1000 ft)	封闭断层	
	半封闭断层	
	不封闭断层	
	裂缝　闭合　开启	
巨观 (100~1000 ft)	成因单元边界	
	成因单元内的渗透性分区	
宏观 (in~ft)	成因单元内的夹层	
	交错层理	
微观 (μm)	微观非均质性	
	结构类型	
	矿物组成	

图 4.6　不同尺度的非均质性类型（Weber，1986）

如果模型的目的是为了井位设计和储量计算，那么就应当精确地表征断层。应尽量使网格贴合断层，这时就要使用非结构网格。

如果模型的目的是数值模拟，那么在进行地质网格和模拟网格的设计时，还要考虑尽量减小粗化过程中的误差。

很多时候需要同时考虑这两个目标，因此地质模型可能要在储量和粗化程度之间达到一

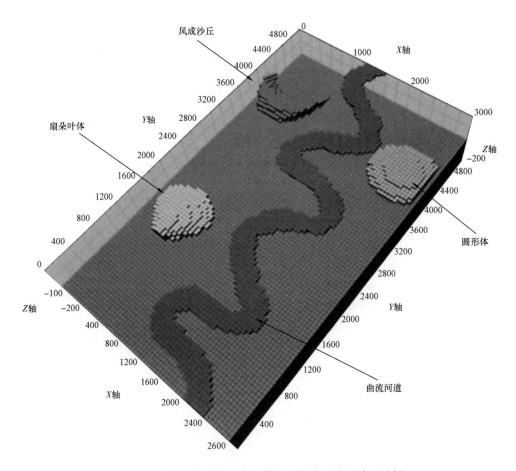

图 4.7　使用目标模拟的方法模拟不同类型成因单元示例

种平衡。在这种情况下,网格与断层的精确贴合就不那么重要了。网格中的断层,应与断层模型保持一致。

理想情况下,地质网格的方向还应与油藏中流体主流向的主控因素一致。通常就是主断层和主要的沉积相展布方向。有时,网格的设计还需考虑水平井的因素。网格坐标的定义符合右手坐标法则,原点网格位于模型的西北角处。

4.5.1　地质网格设计的目标

地质网格设计的首要目标就是表征地质格架,从而尽量精确地体现油藏属性。其精确程度要与地质网格的最终目的实现平衡。除此之外,还可能有其他附加的考虑因素,这将在后面的章节中进行讨论。总的来说,这些附加因素包括:

(1)大部分软件中,油藏属性建模都是在规则网格下进行的,然后再将这些网格投射到实际构造网格之中,地质网格的设计,应使这个投射过程中的误差最小;

(2)如果应用地震数据约束地质模型,地质网格的设计还应使地震数据的采样误差最小;

(3)如果需要进行数值模拟,那么地质网格的设计就非常重要了,使地质网格向模拟网格粗化时的误差最小,也是网格设计的一个目的之一。

因为地质网格的设计会影响地震数据的应用和模拟网格的建立,因此,在网格设计过程中,应有地球物理学家和油藏工程师的共同参与。

建立网格时,会涉及两种坐标系统,一个是地质网格,一个是模拟网格。地质网格常应用全球投影坐标系统(UTM)和 xyz 数据,再将坐标系统转换为网格数 ijk。这套系统在 UTM 内具有指定的原点。坐标系统的方向与网格方向不同。

ijk 坐标系统使用右手定则系统,定义西北角为坐标原点。地质网格与模拟网格应具有相同的原点,从而避免造成混乱。严格地定义坐标系统,可以避免在后续的模拟中对坐标的调整。

4.5.2　地质网格的方向

通常,在网格设计时,网格方向受多个因素的影响,这些因素包括输入数据,也包括模型结果。

4.5.2.1　地震测线的方向

地震数据沿着地震测线采集,在全油田具有统一的方向。如果使用地震数据约束地质模型,那么地质模型最好将网格方向设置为与地震测线方向一致,从而减小建模时对地震数据重采样的误差。网格步长最好也与地震测线的步长一致。理想情况下,地震测线的网格是十分规则的。

4.5.2.2　主断层的方向

如果想对断层进行精确地表征,那么网格方向应与断层方向一致。随机建模假设网格的步长接近或一致,因此,如果网格变形严重,那么势必会引入误差。如果使网格沿着断层方向,那么就会一定程度上减小误差,也会使网格的变形最小。

4.5.2.3　地质体的方向

地质数据在一定程度上具有各向异性,比如,渗透率和变差函数范围。这个各向异性反映了沉积系统的主流线,比如,在河流系统中,使网格平行和垂直于河道方向。

地质上的各向异性需要基于局部坐标系统(ijk)进行模拟。因此地质网格的方向尽量与地质体的方向一致。通常,地质体的方向在不同的层是变化的。但地质网格的方向却不能在不同的层之间变化。因此,建议将地质网格的方向设置为与主要储层段的地质体方向一致。

4.5.2.4　模拟网格的方向

在将地质网格粗化为模拟网格时,通常会引入采样误差。当地质网格的方向与模拟网格方向一致时,误差最小。建立模拟网格时通常需要考虑流动特征,但在地质网格中常不考虑流动的因素。为了使两种网格一致起来,在初始设计网格时,就应综合考虑这些方面的问题。

前面提到的几种影响网格方向的因素彼此可能会有矛盾。如果对这些因素进行排序,那么地质特征和模拟网格是主要的两个影响因素。同时,实际工作中,为了提高计算和显示速度,还应使网格数尽量少。

4.5.2.5　网格尺寸和总网格数

理想情况下,地质网格的尺寸应尽量小,从而能够表征小尺度的地质特征。Nyquist 采样理论认为,地质网格的尺寸不能大于最小地质体的一半。这样计算下来,垂向网格的尺寸约为 $0.5\sim2\mathrm{m}$。当网格较粗时,将地质体进行数学表示时会出现扭曲现象。如果分辨率很低,那就不能正确描述目标体,就会在数值表达上造成较大的失真。

不幸的是,网格的平面分辨率要与计算机的内存实现妥协。总网格数取决于计算机的计算能力和用户的耐心程度。近些年计算机的计算能力已经有了很大的提高。使用区块模型进行原型模型测试,可以大大缩小网格的尺寸。应尽量将测试的起始模型网格数设定在500000以下。

4.5.3 智能模型的概念

智能网格的概念是一种网格处理方式,即团队设计一种最优网格,之后再在这个网格基础上分别细化和粗化。这样做的目的是使地质网格和模拟网格尽量保持一致,从而降低网格粗化过程中的误差。网格的一致性对于河流相储层尤为重要,在河流相储层中,采样误差会严重损害水道的连续性。

通常,地质网格应选用智能网格,模拟网格再在地质网格基础上进行粗化。这样可以在模拟网格中得到最佳的断层分辨率。即便如此,地质网格与模拟网格对断层的表征也不会完全一致。抑或是将模拟网格设置为智能网格,再在模拟网格基础上,细化得到地质网格。那么,断层的分辨率就与模拟网格中断层的分辨率一致了。

目前,讨论的都是平面的分辨率,垂向的分辨率也是一样。如果地质网格垂向上的分辨率太低,就会出现与平面图同样的问题,因此,模拟网格也可以对垂向网格进行细化,即便是平面上已经进行了粗化处理。也就是说,平面上和垂向上,网格的细化或粗化都是互不影响的。

智能网格具有若干优势:

(1)只需建立一套网格,简化了工作流程;

(2)地质网格与模拟网格之间具有一致性;

(3)改变网格时,模型体积变化较小。

当然也有缺点:

当断层方向与网格方向不一致时,地质网格中的断层需要近似处理成"之"字形断层。

4.6 垂向网格化

软件工具中常有多种划分垂向网格的方法,其允许用户按照不同的方式划分垂向网格,比如定网格厚度或是定网格数。这都对应了不同的地质环境,比如上超、下超、削截,抑或是不同的压实程度等(图4.8)。事实上,网格的垂向划分就是要表征地层的形态,从而把握大尺度或中等尺度的结构。大部分的地质层序都具有自身的特点,如何对比这些层序决定了模型设计的方式。比如,下切谷可能延伸数十千米长,但河道的充填通常很小,且更加弯曲,还可能包含多个更小尺度的单元。正确把握不同级别沉积相的尺度,将影响到模型中非均质性的大小及其特征。

软件中常有不同类型的垂向网格划分模式,比较常见的包括下列几种。

(1)等厚度型网格,常用于模拟削截、顶超、下超、上超层序,网格厚度为常数。

(2)对于海侵层序,沉积层在底面上超,常用平行于顶的网格设计方案,这里假设地层顶面是整合的。

(3)对于高位体系域,如果后续为低位体系域,那么地层顶面将被剥蚀。常用平行于底的

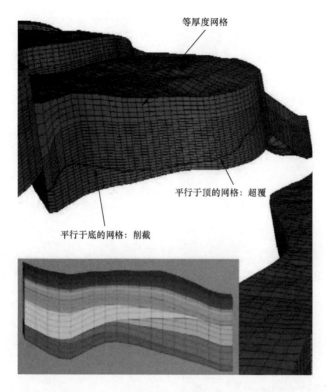

等厚度网格

平行于顶的网格：超覆

平行于底的网格：削截

图4.8　网格模型中不同的网格设计类型（引自 Emerson – Roxar）

网格设计方案,这里假设底面是整合的。

(4)等比例网格,常用于平面上成席状展布的地质体,或是泥岩层序中不同的压实作用,此时,平面各处,垂向网格的数量是相同的。

在使用等厚型网格时,常使用虚拟面作为网格顶面的参考面。理想情况下,每个地质网格都应基于四种面,其中两个整合面,一个近似的剥蚀面或顶超面,一个近似的上超面和下超面。不同的网格设计方案还会影响网格正交性,可能会在层面或削截的地方表现出阶梯状(图4.9)。

4.6.1　整合型网格的潜在风险

当使用平行于顶,或是平行于底的网格设计方案时,如果断层使层面发生了扭曲,那么就会出现问题。在断块内部,就会使垂向网格数量大量增加。

因为地质网格假设平面上所有位置的垂向网格数都等于最大垂向网格数,那么在没有断层的区域,就会形成不必要的、巨大数量的网格,从而拖慢计算速度。处理这个问题的方式,通常是只对主断层进行建模。建模过程中,要对垂向网格数仔细检查。

4.6.2　剥蚀

地层的剥蚀会对垂向网格的划分造成困难,这时需要同时模拟地层及层内的地质体。

地质体的方向需按照原始沉积条件,反映出未剥蚀之前的情况。如果在剥蚀面之间使用等比例网格,那么地质体将与网格不平行,导致网格的代表性变差。因此在剥蚀区不适于使用等比例网格。

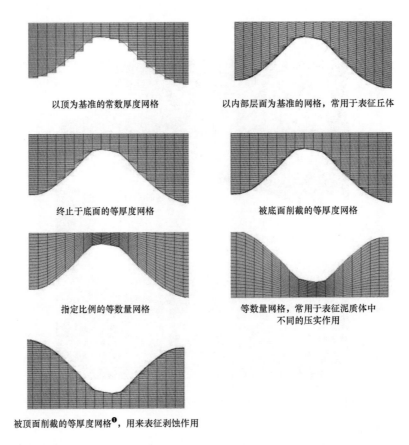

以顶为基准的常数厚度网格　　　　以内部层面为基准的网格，常用于表征丘体

终止于底面的等厚度网格　　　　被底面削截的等厚度网格

指定比例的等数量网格　　　　等数量网格，常用于表征泥质体中
不同的压实作用

被顶面削截的等厚度网格❶，用来表征剥蚀作用

图4.9　表征中等尺度地质特征的网格和层面设计方法(引自 Emerson – Roxar)

对于模拟剥蚀地层,有两种处理方案,简单的方式是使用剥蚀面,以及平行于底的网格划分方案,更好的方式是使用虚拟层面,以及等比例网格的方法。

4.7　网格化的流程

(1)定义模型范围,与油藏工程师结合,确定是否需要将水体包含到模型范围中。如果模型工区范围较小,那么就可以减小网格数量,或是增加精细程度。

(2)检查模型的顶底面,查看是否存在异常点,并进行相应的处理。结合模型内部的层面,检查是否存在异常的厚度变化。

(3)通过分析井数据,根据每个层的几何形态,定义垂向网格的厚度。

(4)精细模型中要包含所有的断层,凡是模拟中涉及的断层在精细模型中都要有所体现。

(5)在质量控制环节,要计算网格中总的岩石体积,并与之前通过容积法估算的体积进行对比,如果存在较大差异,就要注意了。

---

❶　原文为"Erosion represented by constant cell thickness truncated at the base",即被底面削截的厚度网格,有误——译者注。

4.8 质量控制

大部分的软件都有网格质量控制工具,从而检查模型网格对后续建模的适应性(图4.10)。

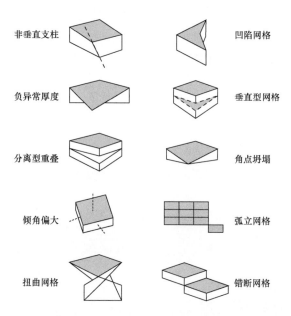

图4.10 可能降低模拟有效性的网格实例(Pitchford,2002)

对地质网格的质量控制包括:

(1)检查垂向上的最大网格数;

(2)检查平面网格的尺寸分布,理想情况下分布范围应较小,因为网格划分的初期,通常假设网格具有统一的尺寸;

(3)观察模型对断层的表征情况;

(4)检查是否存在扭曲网格,这类网格将导致体积计算上的误差。

完成了这部分工作,就可以看到三维模型的顶面构造,井轨迹与顶面构造、内部构造的关系,以及油藏中断层真实的三维几何形态了。

接下来的工作是将井数据与网格联系起来,这一步称为网格化或是井数据粗化。这一部分将在下一章中详细讨论,但这一步其实也可以检查网格的设计是否能够体现储层的属性,比如网格是否保留了井上的高渗透条带或是致密层发育段。

4.9 不确定性

地层模型的不确定性主要来自地层对比方案,对比方案中较少的不确定性就可以降低地层模型的不确定性,因此要尽量保证分层方案的简单。如果主要的层面来自构造解释,就会在远离井点的位置,由于深度校正的原因,造成一定的不确定性。地球物理学家要对不确定性水平进行量化,从而指导建立层面模型时选用的随机方法,这在井距很近时可能会导致层面之间的交叉,并破坏网格的规则性。这一点在建立层模型时尤其要留意。

4.10 小结

建立网格模型是项目过程中的一个重要的阶段性成果。在后续生成属性之前,所有的股东都要对模型格架进行确认,确认的内容包括,模型中是否包含了主要的断层,模型的网格是否合适,模型中的分层是否反映了概念模型等,所有这些问题都应在模型建立之初就有所估计,要求网格的设置能够满足建模目的,包括储量计算、井位设计,以及动态预测等。

第5章 相 模 型

相建模的目标是将沉积地质研究中宏观尺度的非均质性表征到地质网格之中。结果将用于确定性或随机性属性建模中。如果构造模型代表了油藏的格架，那么相模型就代表了内部的构型，其受地质网格的约束。相模型通过沉积解释和地震属性约束，可以描述油藏非均质性特征。在三维条件下，相模型将传统的一个层的古地理图件转化为三维数据体，进而改善了不同相之间的接触关系，相模型要遵从沃尔定律（图5.1），沃尔定律指出，只有平面上相邻的沉积环境，才能在垂向上叠置。这个法则只适用于没有沉积间断的沉积序列。

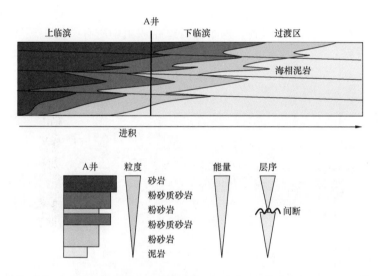

图5.1 沃尔定律示意图（平面相邻的相，才能在纵向上以相同的序列叠置。本例是前积的海相层序）

建立相模型来简化属性模型，每种相对应一种岩石物理属性的分布特征，为了达到这个目标，需要用岩心来标定测井曲线和沉积概念模型中的相模式。不要忘记，相是一种离散变量。相模型可以帮助进一步细化并体现小尺度的非均质的岩石属性分布。应用随机过程生成相模型，能够帮助建模师测试每一种相的预测比例和分布特征。相模型中超过4~5种相类型就没有意义了，如果相的类型太多，将难以区分出不同相对应的岩石物理属性，如果确实认为有必要细分，那就要仔细检查各个分区的特征。沉积学家应尽量将岩心描述做细，然后由团队决定模型中所需的细致程度。油藏工程师也难以在动态模型中获得足够的相渗和毛细管压力信息来区分超过5~8种岩石类型。

大部分的油藏都发育在碎屑岩和碳酸盐岩中，基于全球油气分布统计，碳酸盐岩油藏的比例相对更大，但建模难度也更大。本章将主要介绍不同的碎屑岩储层沉积环境及其建模方法，碳酸盐岩储层的建模将在后面详细讨论，但二者在基本原理上是一致的。

5.1 相建模基础

需要通过相模型对油藏属性建模进行约束,那么,需要建立哪些相模型呢? 首先要通过岩心建立一套相的划分方案,然后通过测井曲线推广至每口井,最后,综合所有信息建立一个体现大尺度非均质性的概念模型。笔者这里强烈推荐《相模式回顾》(《Facies Models Revisited》)作为理解相模式的参考书(Posamentier 和 Walker,2006)。假设已经知道了沉积环境,那么如何开始建立相模型呢? 需要体现哪些成因单元呢? 模型中还能够表征哪些最小尺度的相单元呢? 这些更小尺度的相单元的比例是什么,彼此之间的关系是什么? 该如何表征?

举个例子,沙漠沉积环境,主要包括风成沙丘、丘间沉积的砂泥岩、大型干盐湖,以及指状冲积扇和水道(图5.2)。沉积学家从岩心上识别出了哪些微相? 这些微相几何尺度的分布特征,储层类型的差异如何? 这些特征是否能够通过测井曲线进行识别? 哪些小尺度单元能够识别出来? 哪些相在岩心上没有看到? 这个分析思路适用于所有的沉积环境类型,可作为沉积相识别的规范流程。

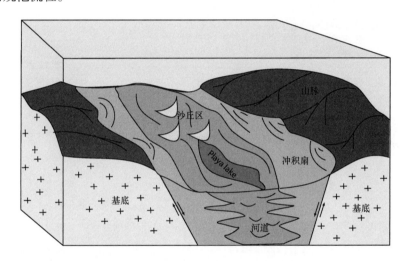

图5.2　沙漠沉积环境的概念模型(包括沙丘、干涸河道、冲积扇,以及干盐湖环境)

应用概念模型,结合井数据,沉积学家可提出沉积相的分类方案。再把这些细节应用于三维沉积相建模,操作中包括两个步骤,首先是分析,之后是应用。

(1)基于岩心和测井数据对趋势信息进行定性和定量分析。这将对参数的变化特征得出一个确定性的概念,包括相的比例和流动属性等;所有趋势都有相应的沉积概念模式。这个过程还可以作为对井数据进行质量控制的一部分。应对所有垂向和平面上的相和属性数据表现出的趋势进行解释。

(2)将井数据网格化,首先是将测井曲线进行粗化,通常有很多方法来网格化曲线。动态数据将在后面的历史拟合阶段使用,而试井数据应在此阶段就用于模型的质量控制。对模型的质量控制还要对比曲线与网格数据的一致性等。

地质模型的关键是向地质网格中充填岩石物理属性。因为岩石物理属性受沉积系统的控制,因此相建模是提高属性模型质量的重要方式。相建模参数的选择需要综合精细的沉积学特征和区域沉积背景。模拟过程依赖于软件功能设计和储层自身的复杂性。油藏属性的模拟可以采用确定性方法,也可以采用随机性方法,但都要与井数据相吻合。相建模需要严格的质量控制,质量控制过程包括直观的观察和定量的计算。

5.1.1　定义相的分类方案

定义相的分类方案工作流的第一步是确定储层所处的沉积环境,如陆相、海陆过渡相,或是海相。可以根据研究区所处的沉积环境预测地质体的展布和相关的微相类型。这都需要在概念模型中进行考虑。详细的岩心解释和曲线处理能够确定发育的相类型,以及各个相类型之间的垂向和平面的关系,如果能够将这些内容画出来,就可以构成纸面上的沉积相模型。在只有井数据可用时,可以基于自然伽马曲线的下限值,建立简单的砂泥岩解释模型,但如果考虑净毛比的不确定性,那还需要尝试每种相具有不同的展布范围和发育比例的情况。

并非所有的井都有岩心,岩心的收获率也不一定完整,因此需要在未取心的井段解释其沉积相类型。这也是为什么只使用有限的几种相类型的原因。一种方法是基于曲线的响应特征,手动解释相类型(岩相)(图 5.3a),另一种方法是使用数学算法解释相类型(电相)(5.3b),如果井数较少,则倾向于使用第一种方式,但如果需要处理数十口井,那相的自动分类就很有意义了。

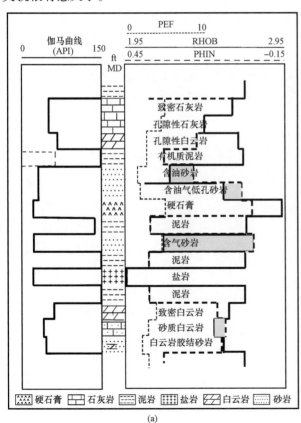
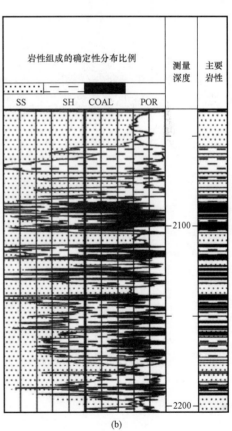

图 5.3　(a)通过自然伽马、体积密度、光电截面、中子孔隙度曲线简单确定岩性,
(b)只用确定性电相算法计算岩性(Cannon,2016)

电相解释使相关人员能够结合沉积和岩石物理属性,将储层的相解释推广到未取心的井段。但因为该方法是基于每个测试点上的测井响应值,因此解释结果可能会变化得太频繁,从而无法在地质模型中应用。比较好的方式只解释岩性,再由地质家对解释结果进行组合,因为不同的沉积叠置关系代表了不同的相类型。

大部分的测井解释软件都提供了通过不同曲线解释岩性的方法,包括确定性方法,也有最优化方法或称为统计性方法。通常会同时使用这些方法来解释孔隙度。而使用一些复杂的统计方法来确定电相,比如模糊逻辑、聚类分析、主成分分析、神经网络等。成功使用这些方法,都需要有强健的训练数据,一般是岩心描述数据,当没有岩性或是岩屑数据进行标定时,其结果很可能是不可用的,或是存在可疑性。即便有岩心描述,对相的识别精度可能也只有80%,在没有岩心的情况下,即便训练数据质量很好,识别精度通常也只有60%。

如果存在复杂的矿物或孔隙度关系,每个层的测井响应都是所有因素按比例加权后的综合影响,可表示为每种因素与响应系数的乘积的联立方程组(Doveton,1994)。每种曲线的响应可表示为式(5.1):

$$c_1v_1 + c_2v_2 + \cdots + c_nv_n = l \tag{5.1}$$

式中 n——要素的个数;

  v_i——第 i 个要素的比例;

  c_i——第 i 个要素的测井响应;

  L——对应层段的测井响应。

举个例子,在一个由石灰岩—白云岩—蒸发岩—孔隙几个组分的系统中,现有密度测井、声波测井、中子测井,要素数量是4,曲线数量是3,那么方程组应为:

$$2.71v\_ls + 2.87v\_dol + 2.98v\_an + 1.00\phi = l\_den \tag{5.2}$$

$$47.5v\_ls + 43.5v\_dol + 50.0v\_an + 189.00\phi = l\_son \tag{5.3}$$

$$0.00v\_ls + 7.50v\_dol - 0.20v\_an + 100.00\phi = l\_cnl \tag{5.4}$$

式中 v_ls——石灰岩组分;

  v_dol——白云岩组分;

  v_an——蒸发岩组分;

  ϕ——孔隙度;

  l_den——密度测井;

  l_son——声波测井;

  l_cnl——电子测井。

根据物质守衡,要素的总和为1。

$$v_1 + v_2 + v_3 + \cdots + v_n = 1.00 \tag{5.5}$$

同时:

$$v\_ls + v\_dol + v\_an + \phi = 1.00 \tag{5.6}$$

本例子中,有4个方程(3种测井曲线和1个归一化方程)和4个未知数(每种组分的比例）。

将方程组写成矩阵形式：

$$C \cdot V = L \tag{5.7}$$

系数如下：

C			V	L
2.71	2.87	2.98	v_ls	l_den
47.50	43.50	50.00	v_dol	l_son
0	7.50	−0.20	v_an	l_cnl
1.00	1.00	1.00	ϕ	1.0

矩阵方程组是线性形式，虽然井筒环境、工具特性、测量变量的自有属性会使方程存在一定的非线性特征，但通常可以得到令人满意的各组分含量的近似解，这些解可以通过岩心和实验数据进行检查。通过局部的线性拟合，可以很容易获得这些非线性关系，比如孔隙度与中子测井响应之间的关系。

线性矩阵简明地反映出信息的变化与各要素相关程度之间的关系。每种曲线都可以得到一个等式，所有要素的综合就可以得到物质平衡方程组。当曲线数量为 n 时，方程数量为 $n+1$，那么就可以解出 $n+1$ 个要素，此时，系统将具有唯一的确定性。如果测井曲线的数量不够，系统是欠定的，解的确定性就会下降，就要通过外部约束条件，或是地质认识对解进行估计。如果曲线数量超过了最小的要求，系统就是超定的，要对解进行选择，找出与可用数据一致性最好的解。这三种情况的处理算法的结构都是相似的，可参考 Doveton 和 Cable（1979）的文献。

5.1.2 测井曲线的网格化

使用测井曲线进行建模之前，需要对其进行网格化，即将测井曲线粗化到三维网格中，对于相数据和属性数据都要进行粗化（图 5.4）。井数据的网格化是将数据从测井尺度粗化到地质网格尺度。相属性属于离散变量，属性数量有限（通常情况下不要超过 5）。原始测井曲线采样间隔为 6in，地质网格的垂向尺度通常大于这个标准。注意，这里是将数据粗化的过程，需要进行平均，有些重要的数据会被丢失，比如很薄的高渗透层，或是很薄的泥岩层，因此需要对结果仔细检查。

粗化前，准备数据要与后面处理非储层的方式具有一致性。比如，如果要单独模拟不连续的钙质结核或是致密的非储层，那么就要将这两类相从其他岩石物理属性中抽提出来。

对井数据的网格化一般按照下列步骤：

（1）首先对相数据进行处理，排除边界效应的影响；

（2）定义分层曲线；

（3）粗化分层曲线时，有时可能需要对曲线进行深度偏移（图 5.5），从而与网格相对应，这期间要对不合理的深度偏移结果进行检查；

（4）使用平均方法粗化所有的连续型变量；

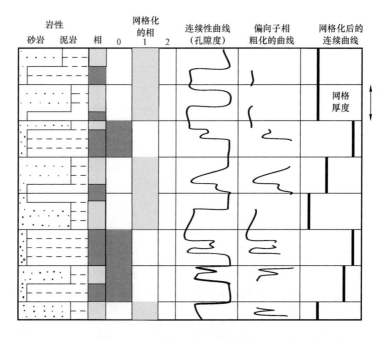

图5.4 离散型曲线(相)和连续型曲线(孔隙度)的粗化实例

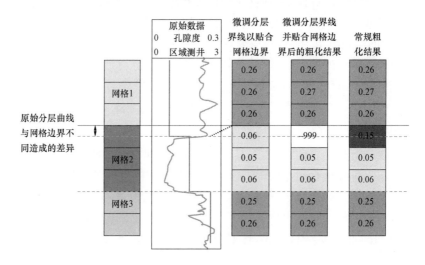

图5.5 井数据的偏移和粗化,要保证原始数据与网格数据的对应性(引自 Emerson – Roxar)

(5)使用"大多数"方法粗化离散型变量;

(6)保证某些厚度不足一个网格厚度的相能够保留在网格中,尤其是那些高渗透层或碳酸盐岩团块,当其所占井段比例达到网格厚度的5%~10%时,就要体现在网格中。

对岩心数据进行粗化时,需要注意这些数据是不均匀采样的,因此平均过程中可能会发生错误。有些岩心可能只在储层段进行了取样,从而导致孔渗数据的严重偏差。最后,非固结段可能会缺少岩心,这样可能导致缺少高渗透层段的样本。所有这些因素都要在前面进行处理。记得要检查岩心样品的取样方式。

5.1.3　对相的描述进行简化

有时候,建模并不需要精细的相描述,而只需要简单地描述结果。下面是两种只需简单岩心描述的例子。

如果层段是非储层段,就可以对该层段的描述进行简化。此时就可以使用简单的层平均方法建模。

如果层段表现为明显的向上变粗或者向上变细的单元,而没有明显的不连续特征,就可以用岩石物理属性直接建模,这样就可以跳过相模型而直接生成可用的属性模型。

简化相的描述时,岩石物理属性的分析就变得更加重要,因其趋势并不通过相模型的趋势表征出来。地质环境的变化会在测井曲线上明显地表现出来,垂向的变差函数就能够评价这样的变化,而平面的变差函数分析还要更多地依赖地质认识的指导。

对于每种需要模拟的相类型,不同的描述参数和储层属性,都需要通过表格明确地罗列出来。

5.1.4　核实分层和相的分类

相建模的目的之一就是将岩石物理属性简单分类。因此就要对分相的岩石物理属性进行检查。可以从下列几个方面入手。

(1)绘制出每种相的孔渗直方图,观测是否存在异常点,确定分布是否符合正态分布。有时很难划分出足够多的相类型来避免孔渗直方图中双峰现象的存在,同时也要了解,数据中是否客观存在双峰态分布的现象。

(2)使用简单克里金插值生成各个层的平面图,观察是否存在异常的数据趋势。

(3)重复上述操作,直到将所有的趋势都排除掉,从而保证后续模拟过程是针对残值进行的。

(4)删除错误的观测数据。如果可行,对分区和分层边界进行调整,从而保证其与岩石物理数据更好地吻合。

5.1.5　来自井数据的相比例

对于某些层属性,可能存在一些低频趋势,比如由于沉积物源类型的变化,垂向压实造成的变化等。在井间能够看到不同相类型的比例在平面上的变化,同时垂向上不同相类型的比例也会表现出向上增加或减少的变化特征。在评价不同相比例的关系时,可使用地震属性或是相的轮廓线进行约束。

评价不同相比例的变化趋势需要一些定量的方法。一个简单的方法就是计算本层某个指示曲线的平均值。指示曲线值为 1 时,代表存在这类相,为 0 时,代表不存在这类相。那么指示曲线的均值就是这类相在这一层的比例。

将每个层划分为若干个网格,就可以得到垂向上和平面上的趋势。为了确定表征这些趋势最佳的垂向网格步长,有时可能要进行多次测试。

一些基本方法如下:

(1)对于平面厚度变化很大的层,可将相比例与层厚做交汇分析;

(2)做交汇分析时,要避开地层发生了断失的区域;

(3)如果垂向厚度与相的厚度相近,那么可能无法对趋势做出评价。

5.2　相模拟方法

应用已知信息,能够将一组曲线、二维平面图、概念模型在三维中表征出来,是许多地质家的目标。但获得地质上和地质统计上的合理结果,仍是巨大的挑战。笔者认识的一个资产经理将这些复杂的方法称为地质功底。选择正确的方法来模拟相的分布是一项重要的任务,多数时候需要依赖于经验。后面的章节会从工具的角度简要总结不同的技术方法的特点,这里将其分为两种类型,基于点的模拟和基于目标的模拟。

5.2.1　基于点的方法:指示模拟和高斯模拟

基于点的模拟是通过变差函数分析,来衡量属性在三维空间上的变化,包括水平方向的主变程和次变程,以及垂直方向上的变程。经验变差函数包括球状型函数、高斯型函数,以及指数型函数,经验变差函数能够基于输入的数据生成不同的相和属性结果(图5.6)。模型还可与趋势或地震属性进行关联。指示模拟方法用于离散型数据的模拟,高斯模拟方法用于连续型数据的模拟。

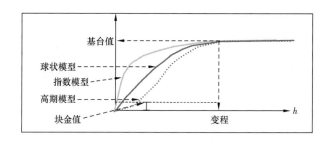

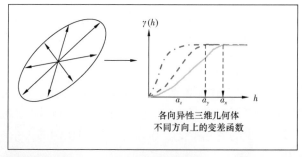

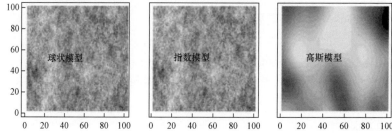

图5.6　实验变差函数,包括术语、方向,以及不同的变差函数类型(引自 Emerson – Roxar)

无论是离散型还是连续型数据,构建变差函数都是一项艰巨的挑战,实际工作中可参考下列方法:

(1)确定分析模型的尺度(确定要模拟的对象是岩相还是沉积系统);

(2)抓住地质体的主要特征;

(3)尽量把握小尺度上的变化,尤其是对连续型属性;

(4)移除坏的数据点,考虑极端值对变差函数的影响;

(5)通过测井曲线估计垂向变差函数相对容易,但也要找出并剔除层序重复出现情况;

(6)不要在变差函数上增加较大的、缺乏对比意义的块金值,减小容差,并重新计算变差函数;

(7)为了估计合理的水平方向上变差函数,要求井距要小于地质体的长度,而实际情况下,井距通常难以满足这个条件,这就是为什么要对沉积系统具有深入的了解,研究水平方向变差函数时要与相似油田进行类比,并参考地震属性特征的原因。

5.2.1.1　指示模拟

大部分情况下,岩石属性与地质成因相关。地质上的沉积单元具有特定的几何形态,并且空间上可对比。指示模拟算法(图5.7)使用简单克里金方法,模拟中通过指示函数转换得到相概率分布。这种方法适用于井密度大于地质体尺寸的情况,通常需要数百口均匀分布的井点数据。当地震参数与相属性具有稳健的关系时,指示算法能够得到看似真实的结果,但还需要对模型进行准确的标定。

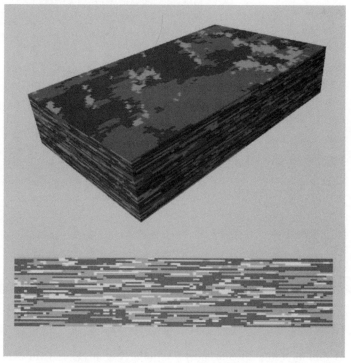

图5.7　冲积平原指示模型的示例,包括泥岩(绿色)、溢岸沉积(棕色)、
河道(黄色),其中河道并没有贯穿整个模型

在序贯指示模拟(SIS)中,首先基于已知数据计算不同相类型的分布密度函数,再在这个分布密度函数中选取一个值作为某个给定相类型在此处的分布概率。指示模拟应用简单,但其变差函数难以确定。指示克里金是一种灵活的、数据驱动的建模方法。但其结果可能并不正确,无法得到与已知数据完全一致的变差函数或相比例分布直方图,并且不能表现出地质上的形态。SIS 逐点计算指定相的条件分布密度曲线,再从分布密度曲线中随机取样。

序贯高斯模拟用于连续型变量的模拟,将在后面章节中讨论,下面将讨论高斯模拟的一种特殊情况。

5.2.1.2　截断高斯模拟

当海陆过渡相储层建模时,会使用高斯数据场并使用截断高斯模拟算法(TGSim)(图5.8)。这个算法要求数据符合高斯分布,这个场由连续数据构成,模拟中将这个场进行截断处理。这意味着,网格划分方案对模拟结果具有重要影响。

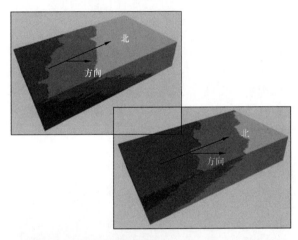

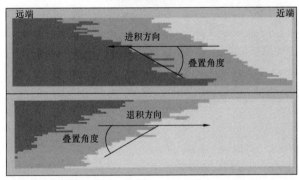

图 5.8　带趋势的截断高斯算法模拟浅海环境的进积和退积过程的示例

TGSim 要求相之间具有严格的连续性,如果存在三种相(A,B,C),那么相 A 必须与相 B 相邻,相 B 必须与相 C 相邻。如果井上出现相 A 与相 C 相邻,那么该算法无法处理。建立较好的输入趋势是 TGSim 的关键。TGSim 常用于模拟大尺度属性,比如进积或退积序列。在碳酸盐岩生物礁环境,TGSim 可用于模拟生物礁核心区向海洋方向上的变换过程。

5.2.2　基于目标的方法

软件中另一种常见的方法具有基于目标的模拟算法。通常有两种基于目标的模拟方法，一个是针对河流相的，一个是针对一般形状特征的（图5.9）。目标模拟的一个特性是可以考虑地质体的连续性，从而可以体现出储层几何形态这一影响动态模型采收率的重要因素，指示模拟算法无法做到这一点。

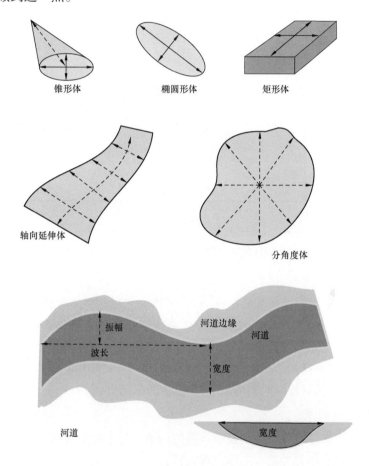

图5.9　不同目标体表征不同相的示例

基于目标的模拟算法并不使用地质网格进行模拟，而是在模拟之后将目标体重采样到网格中。模拟中通常应用"模拟退火"算法，再通过井数据、体积比例、趋势数据等进行约束。最常用的是普通标识点过程（GMPP），这个算法采用地质体的几何信息，再从这些值的分布函数中采样，然后将其插入存在井的网格空间，随后再应用指定的剥蚀、排斥，或是相邻的法则，将模拟的目标扩展。这个过程会一直向网格中插入目标体，直到达到指定的相比例。算法有可能会不收敛，因而有时无法得到模拟结果或是模拟结果不可用。

目标模拟可以相对真实地表征大尺度地质单元，比如河道、扇体、丘体、砂坝，或是生物礁。需要从露头或是文献中了解这些地质体的性质和尺寸。很多软件工具具有内部的数据库存储这些信息（图5.10）。模拟特殊地质体时，还需要正确的网格尺度，如果网格平面尺度为

200m，那就无法模拟宽度小于100m的河道，模拟中需将一种相定义为背景相。这个背景相没有指定的形状。通常将井上比例最大的相类型作为背景相，也可结合其他已有模型形成综合的模拟结果。除非背景相的比例较大（超过30%），计算效果较好，否则算法将很难收敛。

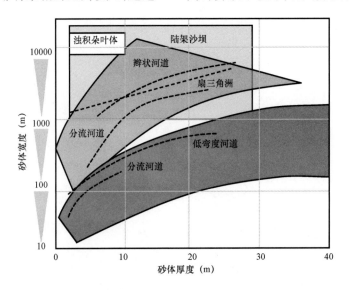

图5.10　根据沉积环境区分的砂体宽厚比，数据来自多个露头的综合

5.2.3　多点统计方法

鉴于传统算法模拟沉积模型的局限性，有学者提出了多点统计的算法（MPS），该算法需要训练图像来约束结果。MPS综合了传统的变差函数驱动的基于网格的模拟算法和基于目标的模拟方法。MPS使用多点属性的分布，而不是采用简单的二元分布，还可以表征地质体的几何形状，这一点与基于目标的模拟算法相似（Daly和Caers，2010）。使用该方法需要绘制概念模型。如果可能，笔者更加倾向于应用MPS方法进行模拟。

5.2.4　地震参数的约束

不同的建模算法都可以综合应用地震数据的约束。使用地震数据约束的关键是找到属性与地震参数之间稳健的相关关系。工作流程包括：

（1）将地震数据重采样到模型之中；

（2）对井数据进行粗化；

（3）估计地震属性与相的相关系数（也称为G函数）。

相关的软件手册会解释建立G函数的必要方法。

5.2.5　动态数据的约束

目前，没有工具能够使用试井数据来约束测井数据的粗化。但有很多定量、半定量的方法来辅助约束：

（1）PLT（生产测井数据），简单的转子数据可以指示主要的流体贡献层段；

（2）重复式地层测试（RFT）或地层重复测试（FMT）压力数据可以指示油藏体之间不同的衰竭情况和压力的连通性；

（3）示踪剂和干扰测试可以指示井间储层的连通性；

（4）动态数据目前只用来做质量控制，在历史拟合中对静态网格与动态试井数据进行拟合。

5.3　相模拟流程

通常相建模是要建立下列沉积环境之一：

（1）风成环境；

（2）冲积环境；

（3）河流环境；

（4）三角洲环境；

（5）浅海环境；

（6）浊流环境；

（7）碳酸盐岩滩、礁或是台地。

对于不同的环境，没有标准的建模方法，因为每个油田都是不同的，因此都需要特定的方案。但还是有一些经验上的要求，并且基本原则都是要尽量保持简单。

（1）非储层相是什么？哪些相对于储量和流动没有贡献？这些相能否归为一类，并且这些相比例是否够高（40%），并足以作为背景相来看待？

（2）储层相的变化是否很大，需要作为不同的目标进行模拟？如果是的话，这些相是否具有足够的储集和影响流动的潜力？这些相之间如何连接？

（3）这些相在层序内的结构如何？能否区分出储层和非储层的关系？这些相是否具有成层性，能否在井间对比？

（4）是否有足够的井数据来校正相在地质网格中的分布？通过数据，可以发现什么样的趋势？

（5）使用什么建模算法能够反映上述结论？能够预测平面展布关系，以及相的尺度？表征相展布的主要不确定性是什么？

（6）模型结果是否反映了上述结论？连通砂体是否具有足够的比例，可以满足储量的要求？这些相看起来是否正确？

模拟河流泛滥平原环境最简单的方式是识别其中的三种主要相：泛滥平原泥岩（45%），溢岸砂岩（35%），河道砂体（15%）。煤层这样的小比例相（<5%），因其全区分布，可以使用确定性方法，作为层的边界（图5.11）。这些相中，只有溢岸砂岩（孔隙度为10%~20%），以及河道砂体（孔隙度为1%~25%），对储量和流动有贡献（第一步和第二步）。

泛滥平原的泥岩因其较高的比例，属于背景相，那么其展布如何？与河道相连的溢岸沉积属于泛滥平原内的嵌入体？对于叠置河道的处理，是使用单一一层网格还是以煤层为边界，将其划分为多个层？如果压力梯度数据表明，煤层形成了垂向上的隔层，那么就可以将每期沉积叠置体作为一个层（第三步）。

河道砂体和溢岸沉积的关系可以通过井上的测井和岩心信息进行解释（第四步）。简单的处理办法就是将溢岸沉积作为河道沉积的附属，那么就可以使用目标模拟方法对两种相进行建模（第五步）。如此，还需要了解河道的几何形态、宽度、厚度、波长、振幅、方向，还包括决

图 5.11 带有三种相的泛滥平原环境的指示模拟示例,包括泥岩、漫滩、煤层

口扇的宽度与河道宽度的关系。

　　另一种方案是应用指示方法,将泛滥平原作为泥岩,与溢岸砂岩、煤层共同模拟(第五步)。相的分布取决于通过井计算的经验变差函数,以及井上的垂向比例。泥岩和煤层的沉积应有较大的变程,而溢岸砂岩的变程会较小,且方向与河道方向相关。然后再将这个模型作为背景相,这在个模型基础上再应用目标模拟方法模型河道。

　　最后(第六步),检查得到的相比例和连通体积,看其是否与估计的比例一致,以及模型与手绘的概念模型是否一致(图 5.12)。

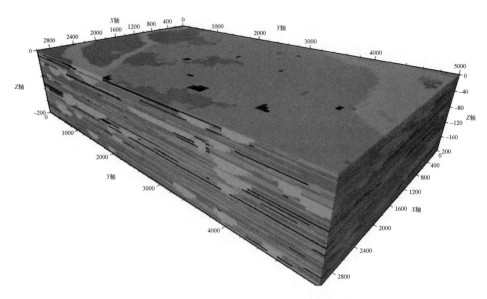

图 5.12 将图 5.11 中的泛滥平原模型作为背景,将曲流河道作为目标进行模拟

建立了简单模型之后,还需进一步细化模型,尤其是河道内部的性质,可能会有胶结的底部,或是高渗透区,这些都需要表征出来。这些附加的相和岩石类型可以用确定性或是随机性方法进行模拟,这取决于对这些属性分布的了解程度。始终记得,油藏工程师的模拟中,还需进一步的属性信息。

5.4　流动分区

一个流动分区是一个作图单元,单元内具有统一的、影响流动的地质和岩石物理参数(图5.13)。流动区内的属性与区外的不同。本质上,这与模拟时的分层方式是一致的,只是分层更多的是针对简单的层状油藏模型。水动力流动区是地质流动区的动态版本,其中引入了表征性单元体积(REV)的概念(Bear,1972),这是一个从毛细管压力到层序各个尺度可识别的单元(图5.14)。

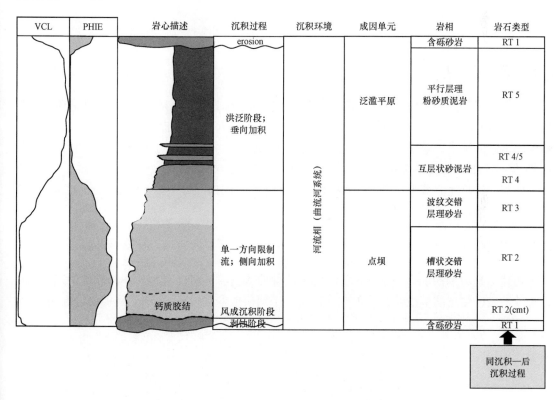

图 5.13　流动区和岩石类型,与之前的属性建模不同的描述储层构型的方法

对于地质学家,流动区是一个可识别的相目标,比如河道、浅海砂坝等;对于岩石物理学家,这是一个可对比的区域,具有相似的孔隙度、渗透率、净毛比;对于油藏工程师,这是一个在数值模拟中具有一致的动态响应的层;对于地质建模,包含了所有上述内容。

流动区是岩石物理属性和地质要素的函数,这将在岩石分类部分进一步论述。

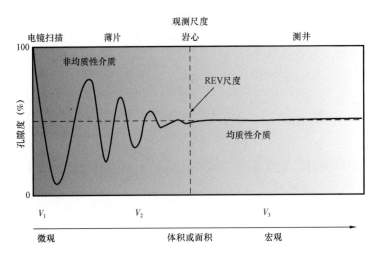

图 5.14　表征单元体积(REV)的概念和不同尺度上观测非均质性和均质性介质(Bear,1972)

5.5　不确定性

　　如果开展了深度的地质分析,那么可能相模型的不确定性会相对较小。但总是还有位置的情况,比如河道的方向,储层相和非储层相的比例等。井数据会提供这方面的信息,但很难得到确定性的结果。建模中的趋势与井或地震的数据不吻合时,就意味着模型与输入数据的违背,但完全的匹配关系很难建立。

　　处理办法是建立若干实现,来代表不同的可能性。比如,采用模型不同的河道走向,来考察其对储层体积(NRV)有什么影响。

5.6　小结

　　相建模是为了提供一个基于足够岩心和测井曲线支撑的概念模型。不同软件中工具都可以有效地表征储层的地质特征。但一个网格一个网格地复制、修改可不是建模的好办法。

第6章　属性模型

　　三维属性建模的目的是提高对储量分布的分析精度。相约束的属性建模能够体现储层中的非均质性,从而使流动模拟更加逼近真实情况。通常,储层属性的二维图件就是对井间属性进行的平滑插值,但应该知道,地下属性分布实际上并不是平滑的。三维属性模型能够体现出属性的垂向变化特征,并通过简单的地质统计来计算井间的属性分布。其他的趋势,如孔隙度与深度的关系、饱和度与含油高度的关系,也都可以用于指导属性的建模。

　　沉积颗粒大小的分布,初始沉积过程,沉积后的埋藏成岩过程,包括压实、成岩、裂缝等作用都会对油藏岩石属性造成影响(图6.1)。岩石属性数据通常来自测井和岩心,但两者都因样本体积有限而可能造成对实际地质情况代表性的偏差,同时还受到数据采集、解释和集成过程的影响。属性模型成果需要依赖于对代表性数据的采集和充分分析,需要地质家和岩石物理学家协同工作。主要的目标是建立硬数据与软数据的对应关系,从而来确定插值参数和数据的分布范围。因此,该分析需要数理统计和地质统计处理。

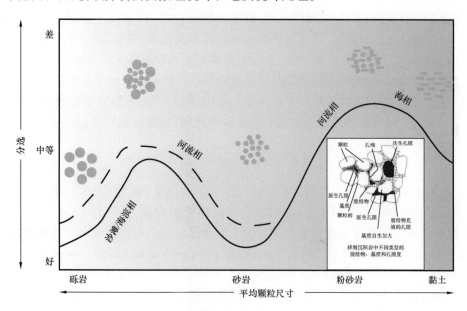

图6.1　不同沉积环境中的沉积物粒度和分选(Folk,1980)

　　作为开发地质学家,笔者见过的岩心分析数据量从未超过5口井,这意味着,在统计学意义上样品量是不够的。因此建模师需对数据进行一定的处理,有时这种处理看似武断,但由于只是要估计储量的分布特征,因此可用随机方法对结果的不确定性进行估计。当油田进入开发阶段,通常会增加更多的综合数据,建模师也可借此来降低研究的不确定性。

　　在属性建模中,通常是基于对岩石和流体物理属性的直接测量来确定岩石属性的分布特征的。

　　那么,需要做哪些测量呢?

(1)孔隙度:总孔隙度,有效孔隙度,原生孔隙度,次生孔隙度。

(2)饱和度:含油气饱和度,束缚水饱和度。

(3)渗透率:绝对渗透率,有效渗透率,相对渗透率,可动流体含量。

(4)岩性:砂岩,泥岩,石灰岩,白云岩。

还需要测试什么?

(1)密度:岩石和流体。

(2)声学性质:岩石和流体。

(3)电阻率:岩石和流体。

(4)放射性:岩石和流体。

所有的测量都不是直接的测量,都是基于对岩石物理响应的解释而间接得到的。在进行属性建模之前,如果测量结果不理想,那就需要应用岩心对测量数据进行校正,因为只有岩心是直接的数据。

6.1　岩石和流体属性

6.1.1　孔隙度

孔隙度表征的是岩石存储流体的能力,数值上等于岩石中空隙部分的体积比上岩石的总体积。孔隙度是个无量纲数值,通常用小数或百分数形式表示(图6.2a)。孔隙度由两部分组成,即原生的粒间孔隙和次生孔隙,次生孔隙包括颗粒的溶蚀孔隙和原生的泥质间的微孔隙。孔隙度也可分为有效孔隙度和总孔隙度,总孔隙度包含泥质部分所包含的微孔隙度,一些工具测量的是总孔隙度,需要进行泥质校正。这是一个简单的分类,不能描述碳酸盐岩储层,以及某些富含泥质的储层类型。裂缝性储层也需要单独处理,裂缝性储层是包含基质和裂缝的双重介质。

6.1.2　含水饱和度

含水饱和度是地层水所占据的体积与总孔隙体积的比值,油气饱和度可通过含水饱和度进行计算。含水饱和度也是一个比例,这取决于孔隙度的定义方式(图6.26)。与孔隙度一样,含水饱和度也分为总含水饱和度和有效含水饱和度。曲线可以测量可动水和黏土束缚水(束缚水对应的英文单词有很多,例如 irreducible water saturation,residual water saturation,connate water saturation 以及 initial water saturation)。束缚水是毛细管压力作用下的最小含水饱和度,此时水的有效渗透率为零。原始含水饱和度是油藏未开发时的含水比例,如果储层中没有油气,那么储层中就是沉积时的原生水。在油气藏中,原始含水饱和度总是大于束缚水饱和度。过渡带这个词也有不同的含义,不同的人使用这个术语时的定义不同。对于地质家和岩石物理学家,过渡带指最低的储层为束缚水饱和度的位置与自由水界面之间的区域,是一个静态的概念。对于油藏工程师,指井上的一段,在这一井段上,油或气和水可以同时流动。

6.1.3　渗透率

渗透率衡量的是岩石内,或者是油藏到井筒之间允许流体通过的能力。渗透率是个动态属性,与岩石和流体的属性相关(图6.2c);这也是最难测量和评价的属性之一,需要不同尺度上的测试数据,包括岩心、测井,以及生产测试等。微观尺度上,渗透率是孔隙网络的函数,包

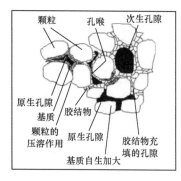

(a)

(b)

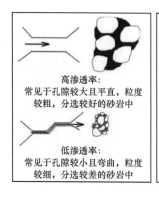

(c)

图 6.2　孔隙度、含水饱和度、渗透率概念示意图。（a）孔隙度是孔隙体积占岩石体积的比例，
是粒度、分选、堆积模式的函数。后沉积作用，包括压实和成岩，都会改变原始的关系。
（b）含水饱和度是孔隙体积中充满水的比例，其他的孔隙体积充满油或是气，
但不一定是烃类气体。（c）渗透率是传导流体通过孔隙网络的能力（Cannon，2016）

括吼道的尺寸、连通路径的曲直、颗粒的尺寸和分选程度等。

　　渗透率还是一个向量属性，具有方向性和各向异性。渗透率在水平和垂直方向上可能变化很大，这都会影响储层不同方向上的流动能力。由于难以测量，因此油藏上常采用定性的评价方法（表 6.1）。

　　渗透率的单位是达西（D），但油藏中通常使用毫达西（mD），这是法国水利工程师的名字，他第一次在垂直填砂管中测试了水的流量。流动的速度是流管截面积、长度，以及压差的函数。这个法则适用于描述单相流，称为绝对渗透率。有效渗透率是多相流体同时存在时，其中一种相流体的渗透率，相对渗透率是有效渗透率与绝对渗透率的比值，比如当储层中有水存在时，油的渗透率。渗透率是数值模拟的关键参数。

表 6.1　定性表征渗透率的实例

差储层	<1mD	气藏中的致密层
一般储层	1~10mD	油藏中的致密层
中等储层	10~50mD	
好储层	50~250mD	
极好储层	>250mD	

相对渗透率是有效渗透率的归一化的数值。相对渗透率表示某一相流体对总的流体流动的贡献比例。

6.1.4　孔渗关系

地质学家和岩石物理学家通常认为孔隙度与渗透率呈半对数直线关系,常用这个关系来评价储层质量(RQI)和模型中渗透率的分布。这个关系假设渗透率是颗粒尺寸和分选程度的函数,这两个因素决定了吼道尺寸的分布特征。如果可能,相模型中不同的相会表现出不同的孔渗关系,进而来表征储层的非均质性。

6.1.5　毛细管压力

毛细管压力属于油藏的微观特征,与油藏中流体黏度和重力共同影响了油藏的动态响应。毛细管压力在数值上表现为,当孔隙中存在两种不混相流体时,两相流体的压力差(图 6.3a)。毛细管压力与含水饱和度具有对应的数量关系,因为水正是由于毛细管压力作用而保持在孔隙中的。毛细管压力还确定了油藏中的饱和度分布,这还与储层的润湿性相关。

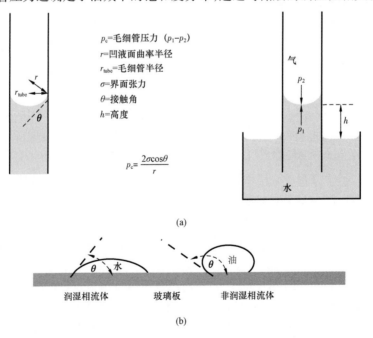

p_c=毛细管压力 (p_1-p_2)
r=凹液面曲率半径
r_{tube}=毛细管半径
σ=界面张力
θ=接触角
h=高度

$$p_c=\frac{2\sigma\cos\theta}{r}$$

(a)

(b)

图 6.3　(a)通过水在毛细管中的上升高度来描述毛细管压力。
(b)通过吸附在固体表面的液体来描述润湿性(Cannon,2016)

6.1.6　润湿性

润湿性是衡量当几种不混相流体同时存在时,岩石表面对某种流体吸附的喜好。常规条件下,沉积时期颗粒表面会形成水膜,导致岩石表现为水湿性质。但碳酸盐岩储层通常为油湿,或是中性润湿。润湿性是岩石与流体界面张力的函数(图6.3b)。

润湿性控制了油藏中的流体饱和度和分布。虽然大部分的碎屑岩储层被认为是水湿的,但在某种条件下,储层也会变为油湿,至少某些位置会变为油湿。碳酸盐岩储层因为钙镁离子的吸附能力更强,从而具有更大的油相界面张力。许多油藏是混合润湿的,在大孔隙中为油湿,而在孤立或含泥质的小孔隙中为水湿。

6.2　属性建模

最简单的情况是,只需要模拟孔隙度、含水饱和度、渗透率。同时,了解这些属性之间的关系。孔隙度是静态属性,如果数据分布清楚,可以按照相或层直接模拟,这需要满足统计意义上的足够多的样本。渗透率是一个动态属性,通常与孔隙度成半对数关系。含水饱和度是孔隙体积、渗透率,以及自由水界面以上高度的函数。

另外两个需要讨论的问题是,孔隙度应使用有效孔隙度还是总孔隙度,如何定义净毛比及其对储量和流动的影响。这两个问题都需要岩石物理学家和油藏工程师进行梳理,并体现在工作流中。油藏模型如果用于储量计算的话,应该使用有效孔隙度。如果相模型足够精细,那么也可以不使用截断值来筛选净储层。如果有足够的数据,那么综合的属性模型也是一种筛选净储层的方式(Ringrose,2008)。

6.2.1　属性建模流程

(1)对数据进行检查,删除所有的异常值,并对奇异点进行解释。这一步工作应该在收集和整理数据阶段进行,但后续工作中仍然要反复检查,有时候,也常会将原始数据加载到工区中。

(2)将数据网格化,就是将井上的属性数据粗化到网格中。观察粗化后的数据是否与输入数据一致,这里还包括对比数据分布的直方图。比较每个数据的均值和标准差。这个分析可以逐层进行,从而确定储层非均质性的强度,如果分层是合适的,那么就会明显地看到层间的区别。

(3)按照相划分的方案,检查数据的统计特征,从而确定合适的模型精细程度。这时有可能会发现,需要对分层方案和相类型划分方案进行细化或是简化,也有可能需要对网格进行重新设计。在这个阶段检查模型设计的合理性,如果需要修改,在该阶段发现问题还是好于最后发现问题,此时修改起来还是相对容易的。

(4)要基于平面和纵向趋势的观察,理解数据的空间关系。数据是否能够由经验变差函数来表示,变差函数是否可以在全区应用。数据是否为稳定的正态分布。如果不是,那么需要在开始下一步之前,对数据进行处理。

(5)软件中有很多可用的方法,确定哪种模拟方法适用于目前的数据。从确定性方法开始,检查数据是否具有某些特定的趋势,基于数据的可用性选择合适的模拟方法。首先只进行孔隙度模拟,孔隙度是最容易理解的属性,也最容易与其他属性建立关系。

（6）分层、分相对比模型结果与粗化的网格结果,进而评价初步的模拟结果的质量。除非其应用了其他趋势数据,否则两组数据的均值和标准差应当相近。有时模拟结果很可能与输入结果不一致,要对数据反映出来的趋势进行记录,并修改模型结果。

6.2.2 数据准备

本节将介绍数据分析中,如何对数据进行处理,包括层段边界的影响、钙质夹层的影响,以及测井噪声的影响。

6.2.2.1 层边界的影响

在测井数据中,由于测井工具的垂向响应精度,所有的突变的边界都会显示成过渡边界,这称为边界效应。测井工具会受到边界两侧属性的影响。如果记录的采样点足够多,或是后续进行了合适的处理,那么这些属性的反映就能够被加强(通常对一些常规曲线进行反褶积)。更直接避免边界效应的方法是将一定距离内的数据从边界附近删除(图6.4)。

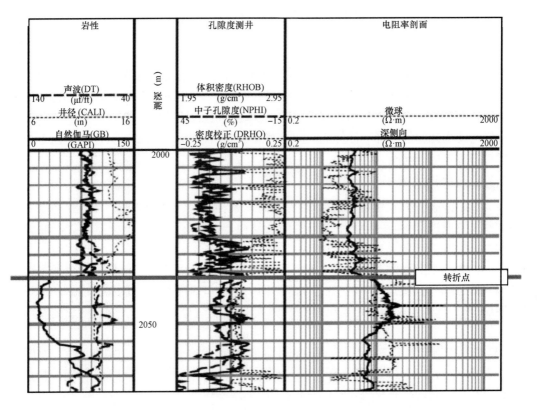

图6.4 通过一系列曲线的拐点来确定地层边界,同时去除边界效应的影响(Cannon,2016)

边界效应产生的问题就是,在分相统计岩石的测井响应时,大量的观测数据可能都会受到边界效应的影响。最严重的情况是,这些边界效应会改变某个相的测井响应数据平均值,导致对某种相过高或是过低的估计。这种边界效应还会导致某种相的某个属性分布范围过宽,从而影响最终的流动属性。

要对测井曲线进行处理,从而减小边界效应的影响。简单的方式就是在进行转换之前,将输入数据的最大、最小属性进行截断处理。

6.2.2.2　剔除异常曲线

曲线上的异常值也可能是随机出现的,但通常在曲线拼接处发生。如果没有提前去除,那么将会严重影响建模中的数据分析和预测结果。通过交会图、直方图,最大值、最小值的统计,很容易发现异常值的问题。当然,最好还是能将这些异常值在测井数据处理阶段就排除掉。

6.2.2.3　剔除碳酸盐岩团块

碎屑岩储层中,碳酸盐岩导致的曲线异常常与碳酸盐岩团块、条带相关,这些碳酸盐岩常形成于浅海环境中,碳酸钙与泥质碎片发生了交代作用。这时,通常将其处理为非储层,这些层是流动的重要阻碍。对碳酸盐岩夹层的处理将在 5.1.2 节,以及净毛比部分的章节进行讨论。

6.2.3　井数据的网格化

井上的 1m 厚的网格可能由一种相组成,也可能包含六个孔隙度值,这些孔隙度值可能来自同一种岩石类型,也可能来自不同的岩石类型。如何对这些数值进行平均,取决于需要粗化的属性类型。软件中有多种粗化算法,通常使用"多数原则"和"直方图"方法用于相类型等离散属性,而对连续性属性使用其他方法。

非均质性的类型和尺度具有相关性,如果 $50m \times 50m \times 2m$ 的网格可以有效模拟地质体,那么就是说模拟的基本单元就对应这个尺度。理论上,此时数据粗化的结果就要能够代表这个尺度上的特征。那么最简单的方式就是使用对应的平均算法进行平均。

孔隙度的粗化相对简单,孔隙度是静态属性,无量纲,与体积相关,使用简单的算术平均就可以。孔隙度的粗化需要分相进行,以体积为权重,这会使粗化结果出现一定程度的平滑现象,但仍可以得到对应相类型的合理的数据分布范围。如果模拟净毛比,那么需要首先将没有储层的网格设置为空值,注意不是零。如果使用相来定义有效网格和非有效网格,那么孔隙度模型中应包含泥岩的孔隙度。如此,就会生成一套净毛比属性,对应非有效网格,其平均孔隙度较低。数据的粗化过程可分层进行,且可在不同的层使用不同的粗化方法。

测井曲线计算的含水饱和度是另一个连续属性,含水饱和度是孔隙体积的函数。含水饱和度是另一个需要粗化的属性,可采用与孔隙度相似的粗化方式,但不应区分相类型。粗化后的孔隙度与粗化后的含水饱和度将会用于与饱和度高度模型的对比。

在粗化渗透率之前,要了解渗透率数据的来源,通常渗透率数据是基于岩心建立的孔渗的半对数关系计算得到的。建模过程中,除非是已经讨论了渗透率与相之间的关系,否则渗透率建模中不应使用相模型进行约束。一般情况下,使用简单的半对数关系计算的渗透率常会低估高渗透段的数值,而高估低渗透段的数值。具体操作中,有很多粗化渗透率的方法,一般最常用的是几何平均,但这也取决于渗透率数据的非均质性程度,有时也可能使用算术平均和调和平均方法,要尝试不同的方法,并对其进行比较,从而保证能够表征极端情况的数据特征。渗透率是动态属性,这个工作需要油藏工程师的共同参与。

不同的网格可用于表征不同尺度模拟目标。较粗的网格可用于模拟趋势体,或是模拟相比例。网格的平均尺寸应能够代表建模数据的特点。对于不同的分析目的,最终选用的网格会有不同的级别,各级别网格之间可能会表现出复杂的继承关系,因此还要对不同尺度网格之间的关系具有深入的了解。

需要通过对比岩石物理结果与粗化后结果来检查网格化的质量。需要对比两组数据的总和、平均数、标准差。并需要分层、分相对比,如果存在趋势,还应进行全油藏的对比。

6.3 属性建模方法

有很多方法来模拟油藏属性,图6.5给出了一个例子,例子中数据基础一样,但不同方法的模拟结果不同。第一张图采用的是生成二维平面图的算法,第二张图采用的是三维插值技术,第三张图使用的是随机插值算法。三个模型会得出不同的储量估算结果、井位设计方案,以及动态模拟结果。建模过程中需要谨慎选择插值算法。

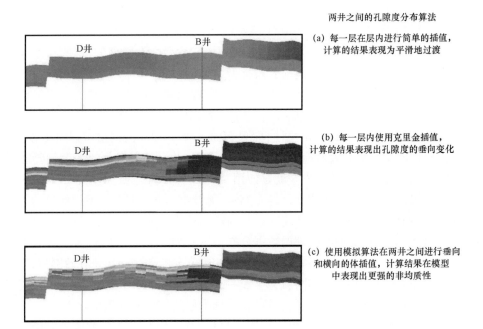

两井之间的孔隙度分布算法

(a) 每一层在层内进行简单的插值,
计算的结果表现为平滑地过渡

(b) 每一层内使用克里金插值,
计算的结果表现出孔隙度的垂向变化

(c) 使用模拟算法在两井之间进行垂向
和横向的体插值,计算结果在模型
中表现出更强的非均质性

图6.5 不同方法计算的孔隙度分布,使用平面图赋值、井间插值、
随机模拟方法,属性的非均质性逐渐增强(Cannon,2016)

6.3.1 确定性方法

如果只需要简单、快速的模型,那么就不适于使用随机算法。此时,可采用确定性算法建立模型。

(1)常数赋值,这相当于优势相模型。比如河道的孔隙度是22%,决口扇的孔隙度是18%。

(2)函数赋值,可使用简单的一维函数生成模型,比如使用J函数计算的饱和度模型。函数还可以用来与其他建模技术综合生成趋势体,比如与压实曲线相结合。

(3)二维平面图,平面图也可用来生成三维模型。平面图可与其他建模方法一起生成趋势体,还用于快速计算储量。需要注意的是,相的信息在平面图中可能并不那么直观,在井点处还可能会形成"牛眼"特征。

（4）插值方法,插值算法是一种简单的建模方法,只能得到一个确定性结果。技术路线包括:

① 在需要插值的网格周围生成用户定义的椭圆,椭圆内所有已知数据和已生成的数据都参与计算该网格的结果;

② 使用反距离加权平均方法计算该网格的值;

③ 再随机选择下一个计算网格,重复上述过程,直到所有网格都得到了结果。

当使用反距离加权平均方法时,生成的模型常比较光滑,因为每口井的数据都会参与其他井的计算。在实际情况下很显然这不太可能,因此只能用于大致估计储量结果。插值方法破坏了原始数据的统计特征,因此无法有效表征属性的极端值。

6.3.2　统计学方法

地质统计属性建模可以模拟属性在模型中的空间属性,也可以表征小尺度的非均质性特征。此时需要了解数据的不确定性和分布趋势。如此便可以与随机的相建模一样,产生多个实现,并得到每个实现对应的概率。对于所有的实现,都要去除数据的趋势性,并使数据符合正态分布;商业软件中通常都有相关的数据分析模块。

主要有两种统计方法。

一是克里金方法,是通过已知数据加权平均的插值技术。克里金算法使用变差函数计算权重,并能够综合不同方向上的权重。克里金方法的另一个优点是可以自动去除丛聚效应。克里金算法的计算结果从一点向另一点平滑变化,无法表征小于已知数据点间距的非均质变化。克里金估计的是对应点的期望值,而不使用该点的方差。

建模师的任务是估计变差函数,需要估计三个方向上的变差函数,还包括块金值、基台值、容差距离等描述函数形状的参数(图6.6)。通常很难获得足够的高质量的数据样本。好在孔隙度常受到相模型的约束,且变化相对温和,但孔隙度模拟的结果质量仍取决于对数据分析情况。

克里金是所有插值方法中估计误差最小的方法,低估和高估的概率相等。克里金算法是很多地质统计模拟方法的核心。

很多地质统计软件中,具有不同的克里金变形方法,包括:

（1）简单和普通克里金;

（2）带趋势的克里金;

（3）协克里金。

另一种方法是模拟算法,其可以避免克里金算法导致的数据平滑性。大部分的模拟算法都基于已知数据点的条件分布,应用随机采样来估计插值网格的属性。该方法可以建立随机模型,模拟所有尺度上的变化,也可以生成多个不同的实现,但所有实现都符合条件分布和变差函数。模拟中,也同样需对变差函数进行定义。

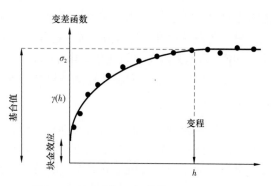

图6.6　变差函数的示意图,包括块金值、基台值,以及变程等相关概念

模拟算法是相对更好的插值方法,它比克里金算法更能准确表征实际数据的分布(图6.7),既能够符合变差函数,又能表征数据的空间变化。能够使模拟结果的分布与输入数据的分布一致,相反,克里金算法不能保证这个数据分布的一致性。

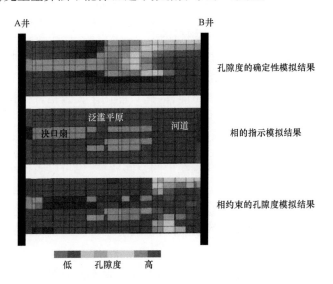

图6.7　克里金和随机模拟计算的孔隙度分布对比,后者在远离井点处变化较大(引自 Emerson – Roxar)

常用于属性建模的模拟方法包括:

(1)序贯高斯模拟;

(2)带趋势的序贯高斯模拟;

(3)序贯局部协同协模拟;

(4)高斯随机函数模拟。

模拟方法与克里金方法都保留了样本数据在三个方向上的空间统计特征,但插值算法不能考虑这个空间上的变化。插值算法的变差函数是一条直线,而不是曲线。模拟方法可以表征渗透率的极端值和空间变化特征,克里金方法只能表征空间上的变化,而插值方法既无法表征极端值,又无法体现空间变化。由于渗透率的变化程度控制了流体的流动,因此,模拟方法得到的突破时间比插值方法计算的结果更加准确。

6.3.3　孔隙度建模

孔隙度是模型中最简单的属性,通常首先将孔隙度与相建立关系(图6.8),明确孔隙度分布的边界。通过孔隙度与深度的交会图,很容易确定出孔隙度随压实和成岩作用的变化趋势。再通过简单的变换就可以使其满足正态分布特征。下面是孔隙度建模的常用步骤。

(1)统计粗化后的孔隙度分布直方图。要求端点之间数据表现为正态分布特征。

(2)基于粗化后的数据,计算三个方向上的变差函数。变差函数表现为一张在不同方向上,数据离散程度不同的图表。按照地质要素空间上的统计特征,拟合经验变差函数。

(3)应用变差函数,逐个网格生成模拟变量的分布曲线。在克里金方法中,使用的是这个分布曲线的平均值,而模拟方法中,使用的是这个分布曲线上的随机值。那么可以想象,当有大量的数据点存在时,重复这个模拟过程生成的结果与粗化后的井数据将具有完全相同的分

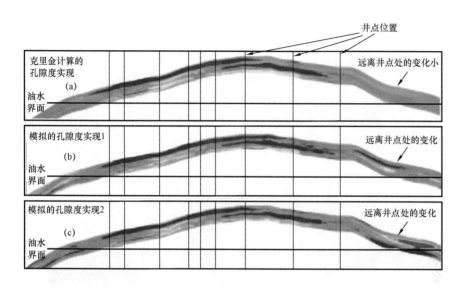

图 6.8　相约束的孔隙度分布实例。(a) 插值计算的孔隙度遵从井点数据,但井间分布平滑,
(b) 和 (c) 河道、溢岸、泛滥平原三种简单的相划分方案使井间的孔隙度看起来更加合理,
并体现了模型中的快速变化(引自 Emerson – Roxar)

布特征。

　　跟前面提到的相模型一样,泛滥平原泥岩的孔隙度分布范围为 0 ~ 5% ,溢岸沉积孔隙度分布范围为 5% ~ 15% ,河道砂岩孔隙度的分布范围为 15% ~ 25% ,在每个实现中,孔隙度的分布曲线都是正态分布,且没有明显的趋势性(图 6.9)。因此,如何建立相模型就决定了孔隙度模型的分布。

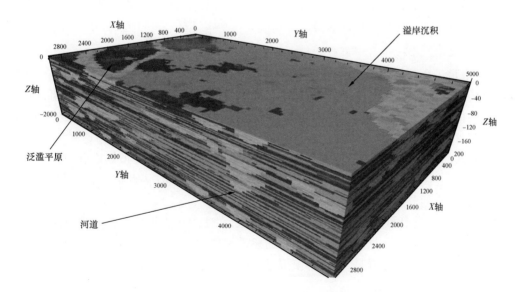

图 6.9　相约束的孔隙度模型,反映了河道、溢岸,以及泛滥平原的分布

这里要讨论油藏建模中,应使用总孔隙度还是有效孔隙度。总孔隙度是岩石中总的空隙空间,无论这些空间是否被流体所占据,都算在总孔隙度内,有效孔隙的概念排除了孤立的孔隙,以及那些与黏土或其他颗粒相关的不可动水所占据的孔隙。有效孔隙度通常小于总孔隙度,但当储层为不含泥质的纯净砂岩时,两种孔隙度可能非常相近(图6.10)。岩石物理学家基于测井曲线,使用不同方法计算总孔隙度,并通过岩心对这些方法进行标定。对岩心进行清洗和干燥之后,得到的结果通常处于总孔隙度与有效孔隙度之间,清洗和干燥的强度越大,测量结果与总孔隙度越相近。再通过压力校正,就可以得到油藏条件下的孔隙度结果。

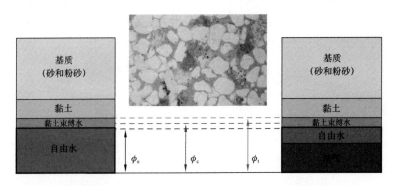

图6.10 总孔隙度与有效孔隙度的对比。测井解释的总孔隙度包括泥质束缚的不可动的水。
岩心分析也能估计总孔隙度,这与岩心的清洗和干燥过程有关。对应储量计算,应使用有效孔隙度,
同时应使用经过负压校正的有效孔隙度(Cannon,2016)

建模中使用的是油藏条件下的有效孔隙度,从而才能正确计算可动的油气储量和采收率。如果使用总孔隙度,那么将会高估储量。可以通过泥质含量校正值将黏土束缚水去掉,从而得到有效孔隙度。岩石物理学家应提供每个井的有效孔隙度,而不是由建模师来计算,有时,由二者共同完成该项工作可能更加容易。

6.3.4 渗透率建模

渗透率是一个动态的向量属性,既有大小,又有方向,因此模拟中常包括水平渗透率和垂直渗透率,从而来表现其各向异性。渗透率与孔隙度一样,常按照不同相进行分组,但因为渗透率符合对数正态分布(图6.11),其数值上的差异要比孔隙度大得多。垂向渗透率通常通过水平渗透率得到,一般使用二者之比来计算。对于每种相来说,需要绘制渗透率参数的直方图和交汇图,从而确定其是否满足假设条件。对于样本很少的相,需要根据概念对其进行假设,从而确定如何对属性进行校正。渗透率将影响流动模拟的质量,因此需要花费些时间来分析如何控制渗透率的分布,并进行正确的模拟。

通常,渗透率模型的模拟需要基于孔隙度模型,常使用协克里金或协模拟算法,而不推荐直接使用线性相关函数。这些方法中,估算的渗透率值都要根据所在的网格处的孔隙度值来确定。两种模拟方法的差异是,使用协模拟过程中,对模拟网格的定位是随机进行的。

6.3.5 含水饱和度建模

含水饱和度应使用饱和度高度模型进行模拟,饱和度高度模型通过测井和岩心数据得到(图6.12)。不推荐使用随机模拟技术模拟饱和度。有时候,也会基于测井计算的饱和度平均

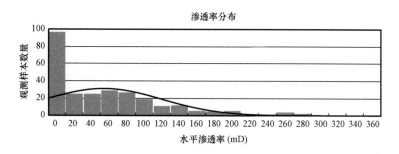

图 6.11　典型的有偏度的渗透率分布示例,约 50% 的样品小于 20mD

值,建立一个简单的、由很多层组成的层状模型。需要检查需要模拟的含水饱和度属于哪一种类型,是总饱和度、有效饱和度、原始饱和度,还是束缚水饱和度?

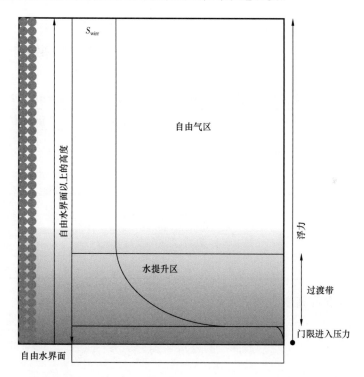

图 6.12　油藏的物理性质,包括含水饱和度、毛细管压力、自由水界面的关系(Cannon,2016)

　　更好的方式是使用饱和度高度模型,饱和度高度模型基于毛细管压力数据与流体密度差得到。基于岩石物理理论,有很多模拟饱和度的方法,比如储层原始情况下充满水,随后油气充注,排驱水。这样就要找到自由水界面,此处的含水饱和度为 100% ,毛细管压力为零,这是一个根据油藏机理确定的参考面(图 6.13)。在均质、纯净孔隙型砂岩中,自由水界面与油水界面一致,在此界面之上,含水饱和度随高度变化,通过变化趋势可以预测自由水界面。在非均质砂岩中,含水饱和度是孔隙度和渗透率的函数,自由水界面难以预测。地质学家和地球物理学家常将含水饱和度随油水界面以上距离发生变化的区域称为过渡带,但对油藏工程师来说,过渡带的定义是油水同产的区域。

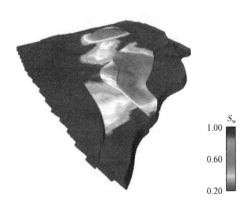

S_w
1.00
0.60
0.20

图 6.13　使用饱和度高度关系建立饱和度
模型的示例,自由水界面定义为
$S_w = 1$ 的位置(引自 Emerson – Roxar)

建立饱和度高度模型主要需要两种数据,通过岩心测量的毛细管压力数据和通过曲线计算的饱和度数据。毛细管压力可由两相之间的界面张力和接触角表示:

$$p_c = \frac{2\sigma\cos\theta}{r} \qquad (6.1)$$

式中　r——孔隙半径;

　　　σ——界面张力;

　　　θ——润湿角。

实验室中,使用的流体为水和汞,或是合成的油和盐水,这与实验方法有关,还需通过式(6.2)将其转换到油藏条件,见表6.2。

$$p_{cRes} = \frac{p_{cLab}(\sigma\cos\theta)_{Res}}{(\sigma\cos\theta)_{Lab}} \qquad (6.2)$$

表 6.2　毛细管压力从实验室条件向油藏条件的转换 Worthington(2002)

系统	接触角(°)	界面张力(10^{-5}N/cm)
实验室条件(Lab)		
气—水	0	72
油—水	30	48
汞—水	140	480
油藏条件(Res)		
气—水	0	50
油—水	30	30

毛细管压力与饱和度高度的关系如下:

$$H = \frac{p_{cRes}}{g(\rho_1 - \rho_2)} \qquad (6.3)$$

式中　g——重力加速度;

　　　ρ_1,ρ_2——分别是水和油气的密度。

毛细管压力是孔喉尺寸的函数,而与孔隙体积无关,因此受到油藏围压的影响。需要注意的是,分析毛细管压力时要保证实验方法和条件的一致性。不同实验室可能会使用不同的技术或仪器,从而导致测量结果的系统误差。

应用测井曲线推导饱和度高度模型时,需要将测试深度转换为垂深。可使用轨迹测量结果和测井分析工具中合适的算法进行转换。测井饱和度数据应只保留高质量的数据结果,即洁净的厚砂岩,从而排除黏土束缚水和电阻率曲线边界效应造成的不确定性。

Worthington(2002)定义了三种饱和度—高度关系:单因素方法,多因素方法,以及归一化函数方法。理想情况下,每种岩石类型都有各自的饱和度高度关系,这与地质和岩石物理性质相关。Cannon(1994)提出了岩石相这个术语,用来将地质和岩石物理因素综合到一起,每一种岩石相对应一种测井相特征,并具有相似孔隙度、渗透率、含水饱和度平均值。当有足够的可用数据时,就可以生成不同的饱和度高度模型。

6.3.5.1　单因素预测算法

这种是最简单的,只用自由水界面以上高度预测含水饱和度的方法(Skelt 和 Harrison,1995)。

$$S_w = aH^b \qquad (6.4)$$

或

$$\lg S_w = c\lg H + d \qquad (6.5)$$

式中　a, b, c——回归系数。

这个简单的方程常用于描述特定孔隙度和岩石相的饱和度。该方法在地质模型中有很大的局限性,需要通过地质条件进行约束。

6.3.5.2　多因素预测算法

这个算法相对复杂,关系中综合了孔隙度和渗透率。Cuddy 等(1993)提出了总含水量(BVW)与自由水界面以上高度的关系,其中总含水量等于孔隙度与含水饱和度的乘积。

$$BVW = aH^b \qquad (6.6)$$

且有

$$S_w = \frac{aH^b}{\phi} \qquad (6.7)$$

式中　ϕ——孔隙度;

　　　a, b——回归常数。

如果输入的变量是对数正态分布,比如渗透率,那么方程变为:

$$\lg BVW = K + a\lg H - \lg\phi \qquad (6.8)$$

和

$$\lg S_w = K + a\lg H - \lg\phi + c\lg K \qquad (6.9)$$

式中　c——回归常数。

6.3.5.3　归一化函数

第三类相关关系是 Leverett – J 函数(Leverett,1941),通过式(6.10)将孔隙度和渗透率与饱和度联系起来:

$$J_{(s_w)} = \frac{p_c}{\sigma\cos\theta}\sqrt{\frac{K}{\phi}} \qquad (6.10)$$

式中　p_c——测试点与自由水界面之间的压差;

　　　σ——实验室测量的界面张力;

θ——润湿角。

如果饱和度是通过测井曲线计算的,那么式中不必包含润湿角和黏性项,因为此时已经是油藏条件,只需将自由水界面以上的高度和流体密度作为输入参数。当绘制不同岩石类型的饱和度与高度之间的交会图时,会发现渗透率相对于自由水界面以上的高度,对饱和度具有更加重大的影响(图6.14)。

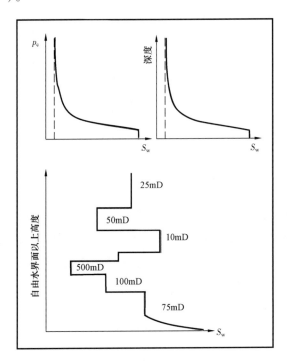

图6.14 毛细管压力、高度、渗透率之间的关系示意图,反映了岩石类型
对含水饱和度模型的影响(Cannon,2016)

J 函数的一个优点是可以分相、分区进行定义,从而使模型更加精细。饱和度建模中会遇到很多困难,比如复杂的充填历史,会导致在不同的油田分区中具有不同饱和度高度模型。饱和度模型表示的只是油藏初始的情况,因此,当油田钻井并投入开发后,油藏压力会降低,从而使饱和度的分布更加复杂。

生成了饱和度高度模型后,需在井上将基于高度模型的计算结果与基于测井曲线的计算结果进行对比。两种方法的准确性都取决于实验室测试结果的可靠性。通常,会综合考虑两个结果,并在模型中使用折中的方案。如果可行,要对每种相、每种孔隙类型建立不同的饱和度高度模型,从而避免在好储层中,在距自由水界面较高的位置出现较高含水饱和度的情况。这也是一种对模型进行质量控制的方法。

6.3.6 净毛比建模

由于人为地将储层划分为砂岩和泥岩,因此便引出了井上和模型网格中净毛比的概念。现实世界中,储层中的砂质比例是变化的,需要用一个变量来反映这种变化,这就是净毛比(NTG)的概念。在传统的基于平面图的研究方法中,净毛比是对储层进行模拟时的重要概念。因为在二维模型中,没有足够的垂向分辨率,但在三维模型中,垂向分辨率的问题在构建网格时是已经考虑的了。

　　井上的净储层比例通常由岩石物理学家通过泥质含量下限值(V_{sh})来确定,有时候也会独立使用孔隙度下限值或是将孔隙度与泥质含量协同使用(图6.15)。如果需要建立相模型,那么也是一样,确定相的分类方案也要有对应的下限值。净毛比是一个比值,因此在合并井或层上的净毛比时,要同时考虑净厚度和总厚度的权重。

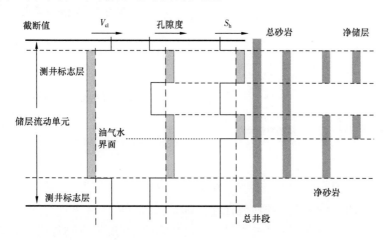

图6.15　保持净毛比概念的一致性(Cannon,2016)

　　建立相约束模型时,需要设定每种目标储层的属性范围,在将非储层作为背景相时,这便自然地包含了净毛比的关系。根据其"是否增加了储量或是流动性"来定义什么是净储层。理解净毛比的关键是使所有的术语和定义具有一致性。这里一个重要的问题就是,在对相数据进行粗化时,因为数据的粗化方式,这里净毛比的概念相比于测井解释,已经发生了改变。因此,输入数据中所谓的净毛比可能与网格数据中所谓的净毛比概念并不一致。

　　全属性建模(TPM)方法是对所有的岩石属性进行模拟,再在模拟之后应用下限值计算净毛比(Ringrose,2008)。如此,下限值和净毛比就都包含在整个处理过程之中了(图6.16)。同时模拟优质砂岩与差砂岩时,就可以考察不同的下限值对储量的影响。全属性建模的主要优点是将动态模型与静态模型联系起来了,这样就使从井数据到网格数据,再到模型数据的过程变得可追溯,并且所有不满足下限值的模拟网格,都可以将其设定为非储层网格。

6.3.7　协同地震属性

　　地震属性可以提供参考信息,包括:
　　(1)相类型和岩相;
　　(2)岩石物理数据(主要是孔隙度和流体)。
　　这里所说的软数据,是指因为地震数据具有多解性,所以地震信息提供的是概率格架。其中相趋势和孔隙度趋势是最常用的地震属性。

6.3.7.1　数据准备

　　使用地震数据最重要的问题是尺度的差异。地震数据反映的尺度比岩性和测井数据的尺度大几个量级。因此,需要将测井数据粗化到地震数据的分辨率。需要找到不同尺度下的地

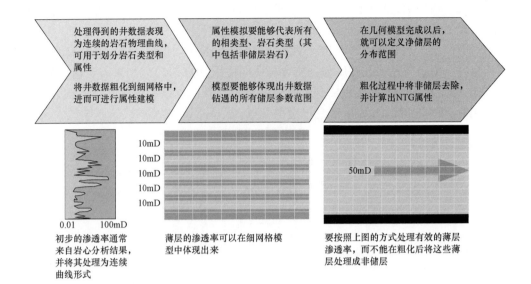

图 6.16　全属性建模(TPM)方法可以避免在模拟模型之前使用净毛比(Ringrose,2008)

震属性与地质属性的关系。由于地质属性建模都是在深度域条件下进行的,因此关于地震属性与地质属性关系的分析应在深度域下进行。另外,还应开展岩石物理研究以确定分析结论是否正确。

6.3.7.2　在模型中的使用

应用地震属性的方式有两种:

(1)二维的网格数据格式,表现为地震响应的强度分布图;

(2)三维的点数据格式,需要通过重采样将地震响应赋值到网格中。

两种方法都需要进行数据的转换,使地震属性与井点数据完全吻合,这一点也是非常困难的。一些轻微的移动都会破坏三维地震属性与网格的一致性。更加稳妥的方法是使用地震属性的强度平面图。

6.3.8　模型要做多少个实现

随机模拟意味着可以生成无限个等概率的实现。开展随机模拟的目的就是为了了解模型预测结果的不确定性。相反,确定性的方法,如克里金插值就只能生成一个结果。

一种实现对应一组输入数据的情况,比如,地质学家提出的概念模型认为河道储层是宽河道,而不是窄河道,这就代表了两种不同的模型。

一个实现就是综合了某一特殊的河道分布情况的地质概念和井上的数据情况。当使用随机的相和岩石物理模式时,不同的种子就会有不同的实现。所有这些实现就反应了相对稀少的硬数据所造成的不确定性,同时也包含了数据自身的可变性。

到底需要做多少个实现才能涵盖这些不确定性,还是不能明确的。但按照经验来说,每种情况至少要有 10 个以上实现,才能获得具有代表性的取样。从统计的观点看,这还是不足以代表所有的不确定性,但这可以对实际情况的分布范围提供一种参考。如果要进行更加完全的不确定性分析,那么至少要有 100 个实现。

6.3.9　质量控制

确认孔隙度和渗透率模型。

(1)当建模过程中使用了趋势进行约束时,检查残余变量。残余变量的变化应比原始变量小,因为这里去掉了趋势的影响。

(2)将孔隙度原始数据和趋势数据做交会图分析,检查是否存在孔隙度数据的异常值。

(3)对残余量进行简单克里金分析,找到其中的"牛眼"(异常值)。

很多实际数据都表现出:虽然有时趋势与井点数据是相符的,但仍会在远离井点处造成不真实的估计结果。

(1)检查趋势在全局范围内的分布,避免形成局部最优。

(2)有时也有可能存在残余量的相关性比原始数据的相关性还差。

有些相关性可能包含在了趋势之中。最好能够将趋势数据与异常点的属性进行交会图分析,从而确定异常值的性质。

(1)确定所有的残余量的分布符合高斯假设。

(2)对所有相关参数作交会分析,检查其是否符合多元正态假设。

6.4　岩石分类

岩石分类是将地质与岩石物理研究结果在岩心尺度上结合起来,从而能够将岩心研究成果应用于测井和地震尺度。地质上的相或相组合通常不只包含一种岩石类型,通常需要建立沉积过程与岩石类型的关系。在一个模型中,将沉积学家描述出来的所有岩相类型都体现出来是非常困难的,因此,在实际应用中,大部分的模型中,5~10种岩石就足够了,并且岩石类型越少越好。"岩石相"这个术语就是为了用来描述地质约束下的岩石类型。

岩石分类的流程如下,这个流程既可用于碎屑岩,也可用于碳酸盐岩:

(1)进行岩心描述,根据主体的岩性和沉积构造对岩心进行分类,并确定各层的岩石相组合模式;

(2)通过主体的岩性和孔渗关系,对岩心进行分析,确定离散的孔隙度分类方案;

(3)对分类后的数据进行回归分析;

(4)结合 p_c 数据,确定不同岩石相的孔隙尺寸分布特征;

(5)将预测的渗透率与实际的渗透率进行对比,进而对岩石相分类结果进行质量控制;

(6)使用岩心孔隙度对曲线计算的孔隙度进行校正。

比如,在河流相储层中,主要包括下列相或相组合:

相组合	相		
河道亚相(30%)	天然堤(5%)	活动河道充填(25%)	废弃河道(10%)
溢岸亚相(20%)	微河道	决口扇	
泛滥平原亚相(50%)	混合岩	土壤、煤层等	

其中,泛滥平原相没有储层,在油藏建模中,通常将其作为背景相,这种背景相通常伽马放射性较高。河道相沉积在曲线上表现为2~3m厚的箱形结构,其底部为钟形结构,向上颗粒

变细。毛细管压力曲线上可以划分出三种不同的特征,代表了不同的孔隙几何形状。溢岸相沉积与河道和泛滥平原相毗邻发育,表现为较薄的河道和孤立的砂体。有时如果毛细管压力曲线相似,也会将不同沉积相组合归为同一岩石类型。

还有一个概念涵盖了相模型中各种属性变量的内涵,这个概念就是"流动单元"。然而,不同的人对这个概念的理解还有差异。动态流动分区是地质上的一个概念,指平面上有边界,垂向上很少或没有连通的一类相集合体。集合体内具有特定的地质特征,包括结构、矿物、孔渗、毛细管压力等岩石物理属性。动态流动分区是总储层中,具有特定地质和岩石物理属性的"代表性单元体积(REV)",这些属性致使其内部的流动特征与其他单元的流动特征不同(Amaefule 等,1993)。但在不同的学科中,对这个概念的定义也不同。

(1)对于地质学家,指某一种三维的相目标体,比如河道或是碳酸盐岩滩体。

(2)对于岩石物理学家,指具有相似岩石物理属性,并在平面上可对比的单元。

(3)对于油藏工程师,指三维空间中储层的一个分区,这个分区内具有一致的动态响应。

(4)对于油藏建模师,包括所有上述内容。

Amaefule 等提出了一套有效地综合岩心与测井数据的表征油藏中流体流动特征的方法。使用该方法可在动态流动单元内,对未取心段的渗透率进行预测,并将其与沉积相联系起来。传统的识别岩石类型的方法基于的是岩心观察和孔渗之间的半对数关系,但通常同一个孔隙度情况下,渗透率会有 1~3 个量级的差异。孔渗的关系缺少物理基础,实际上,渗透率取决于颗粒的大小和分选性,进而就是取决于孔喉的分布。他们提出的方法使用改进的 Kozeny - Carman 方程,以及平均水动力半径的概念。这个方程指出,对于任何水动力单元,储层质量指数(RQI)与归一化的孔隙度的双对数交会图中,会表现为具有同一斜率的一条直线,可用直线与孔隙度为 1 时的截距定义该类水动力单元(FZI)。定义中的相关参数都是经过压实校正的、通过岩心测试的孔渗数据。

这里不深入讨论该理论,仅从实际应用角度来说,如果已经有了简单的相模型,那么该方法还是十分直接的。

(1)通过岩心孔渗交汇图,确定一条或多条孔渗相关关系。再将这些相关关系用于未取心的井,进一步测试其稳定性。

(2)在双对数坐标图上,作出 RQI 和 PhiZ 交会图,并与之前的相模型进行对比,考察其是否具有对应关系,是否可用于渗透率的预测。

$$RQI = 0.0134 \sqrt{\frac{K}{\phi_e}} \tag{6.11}$$

$$PhiZ(\phi_z) = \frac{\phi_e}{1 - \phi_e} \tag{6.12}$$

$$FZI = \frac{RQI}{\phi_z} \tag{6.13}$$

具有相同 FZI 的样品,将集中在一条直线上,这些样品具有相似的孔喉分布,并属于同一水动力单元。

(3)使用每个水动力单元的相关关系,基于平均的 FZI 值和孔隙度,可以计算对应的渗透率。这个过程需要反复迭代,直至结果与岩心数据相一致。

$$K = 1041FZI^2\left[\frac{\phi_e^3}{(1-\phi_e)^2}\right] \tag{6.14}$$

(4)建立了每种相的稳健的孔渗关系之后,就可以基于测井孔隙度,计算每个相或岩石类型的渗透率了。

(5)如果有可用的毛细管压力数据,划分流动单元或计算岩石类型时,还应考虑润湿相饱和度的影响。也就是说,每种岩石类型还应具有各自的饱和度高度模型。

完整的工作步骤可参见参考文献 Corbett 和 Potter(2004)。

6.5　碳酸盐岩储层评价

碳酸盐岩储层主要由石灰岩和白云岩组成,在岩石物理分析上比碎屑岩困难得多,碳酸盐岩储层中存在更加复杂的孔隙结构和网络。碳酸盐岩矿物的稳定性也不及石英,成岩过程中会发生变化,导致孔隙更加不规则,也难以预测。这就影响了之前建立的关系,尤其在地层电阻率和含水饱和度方面。对于简单的粒间孔和晶间孔,可以使用常规测井方法,但对于溶洞、铸模孔,以及裂缝性石灰岩,常规测井方法就不适用了。需要使用其他解释方法来评价碳酸盐岩储层的含油潜力。关于碳酸盐岩储层的系统评价,笔者推荐参阅 F. Jerry Lucia(1999)的著作。

6.5.1　岩石结构分类

按照岩性,碳酸盐岩可分为石灰岩和白云岩,生物碎屑和化学要素决定了碳酸盐岩的颗粒类型、尺寸,以及孔隙类型。这其中最主要的是孔隙类型,综合地质认识,需要从沉积环境和成岩作用两个方面了解孔隙度和渗透率的控制因素。碳酸盐岩储层的属性建模具有其自身的岩石分类方法。

碳酸盐岩储层常存在三种孔隙类型:粒间孔,孤立的溶孔,以及连通的溶孔和裂缝。每一种类型都有各自的孔隙尺寸分布范围和连通性,从而导致了不同的电流路径,因此碳酸盐岩储层对阿尔奇胶结指数(m)和饱和度指数(n)非常敏感。对于碳酸盐岩储层,分析其电阻率曲线,需要区别电阻率的变化是与含水相关,还是与孔隙相关,简单地说,就是 m 和 n 是只有一个变化,还是两个都在变化。

粒间孔可通过颗粒的粒度、分选,以及孔隙度参数进行描述。岩石可能是颗粒支撑的,也可能是泥质支撑的。颗粒的尺寸与毛细管压力相关,可通过毛细管压力测试建立孔隙尺寸的分布曲线。Lucia(1983,1999)提出了 20μm 和 100μm 两个重要的驱替压力界限,可将渗透率分为三个区(图6.17)。驱替压力界限可与岩石骨架结合,从而更好地表征非溶孔型储层。这个关系可用于描述白云岩、石灰岩,以及结晶型碳酸盐岩。

第一类(>100μm):颗粒石灰岩或颗粒白云岩,大晶粒控制的白云质泥粒灰岩或泥质白云岩。

第二类(20~100μm):颗粒控制的泥粒灰岩,细—中晶粒控制的白云质泥粒灰岩,中等晶粒的泥质白云岩。

第三类(<20μm):泥质支撑的或晶粒支撑的白云岩。

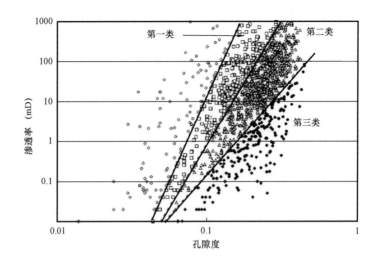

图6.17 Lucia(1999)的碳酸盐岩岩石类型分类。图示例子是一个非溶洞型白云岩化灰岩，
分类边界是喉道尺寸为20μm和100μm(Cannon,2016)

溶孔是化石碎片或沉积的颗粒溶蚀的产物,可能是孤立的,也可能是相互连通的。Lucia(1983)将其定义为孤立的溶蚀孔洞和连通的溶蚀孔洞,孤立的溶蚀孔洞只能通过粒间孔连通,但连通的溶蚀孔洞可以形成与粒间孔无关的连通网络。孤立的溶蚀孔洞通常具有结构选择性,包括化石内溶孔、颗粒溶孔、粒内溶孔等。连通型溶孔通常没有结构选择性,且尺寸也常比原生颗粒尺寸大得多,其常形成大规模的孔隙网络,包括洞穴、塌积角砾,以及裂缝系统等。

6.5.2 岩石物理解释

6.5.2.1 孔隙度

碳酸盐岩中,中子密度测井可用来估计总孔隙度,声波时差测井可用来估计连通孔隙度,因此声波时差对溶洞型储层孔隙度的估计将会偏低。除此之外,这些工具的操作流程和测试结果都很相似,由于碳酸盐岩岩性、岩石类型、孔隙度的变化剧烈,需要更加严格的岩心标定工作。碳酸盐岩的伽马射线强度通常小于20API,当缺少泥岩隔夹层时,通常变化不明显。因此,常基于不同成分的体积密度不同,使用密度测井确定岩性,矿物的体积密度通常在2～3g/cm³之间变化。中子测井得到的孔隙度与岩性无关,而与流体相关,但对于复杂的混合岩性,尤其是存在岩盐时,求取矿物比例时还需加以注意。

石膏($CaSO_4 \cdot 2H_2O$)是蒸发性地层中膏岩的主要成分。中子测井对石膏中的结晶水有反应,从而导致孔隙度偏高。膏岩的密度常远大于其他矿物,如果不做体积密度校正,那么密度测井计算的结果也会出现错误。常规测井适用于非溶洞型碳酸盐岩储层,但对不同的岩性还应采用不同的解释方法。比如:

$$\rho_{bulk} = \rho_{fluid} \cdot \phi + (2.71V_c + 2.84V_d + 2.98V_a + 2.35V_g + 2.65V_q) \qquad (6.15)$$

式中 V_c, V_d, V_a, V_g, V_q——分别是组成骨架的石灰岩、白云岩、硬石膏、石膏、石英的体积
比例。

6.5.2.2　含水饱和度

对于孔隙类型为粒间孔和晶间孔型碳酸盐岩,可使用阿尔奇公式解释含水饱和度,如果存在不同的孔隙类型,还需使用其他方法确定油气饱和度。包括使用结构参数 W,基于测井计算的总含水量、产量比指数,以及可动油气指数等。困难的是,碳酸盐岩中的岩石结构、孔隙类型变化很快,使用单一方法通常很难预测。

如果中子密度测井同时可用的话,那么可以对每个解释段使用变化的 m 值。综合使用中子密度测井估计总孔隙度,使用声波时差估计连通孔隙度。Nugent 等(1978)提出,溶蚀孔和铸模孔型碳酸盐岩中具有下列关系:

$$m \geqslant \frac{2\lg\phi_s}{\lg\phi_t} \tag{6.16}$$

式中　ϕ_s, ϕ_t——分别为声波孔隙度和中子孔隙度。

对于鲕粒粒内溶蚀孔隙,可以用 $\phi_{vug} = 2(\phi_t - \phi_s)$ 来计算孤立溶蚀孔(Nurmi,1984),从而基质孔隙度为:

$$\phi_{matrix} = \phi_t - \phi_{vug} \tag{6.17}$$

可以使用这个关系,计算发育鲕粒粒内溶孔层段内变化的 m 值。

Lucia 和 Conti(1987)通过实验室和井筒数据,通过一些列 m 值与溶洞和孔隙比(VPR)交会图,进一步细化了两者之间的关系,

$$m = 2.14(\phi_{sv}/\phi_t) + 1.76 \tag{6.18}$$

式中　m——胶结指数;

　　　ϕ_{sv}——弧立溶蚀孔隙度。

对于非连通溶蚀孔洞型碳酸盐岩储层,m 值范围为 1.8~4,如果存在裂缝或连续型溶蚀,那么 m 值可能小于 1.8。有时 m 的取值不正确,使用阿尔奇公式计算含水饱和度时,如果 $m < 2$,那么含水饱和度偏高,如果 $m > 2$,那么含水饱和度偏低,大部分情况下,m 值都默认为 2。

Asquith(1985)开展了若干实例研究,指出在碳酸盐岩油藏中,需要改变传统的测井分析。在得克萨斯的 Canyon 生物礁油藏中,因为错误的 m 值,两个研究得出了完全不同的含水饱和度计算结果,使用默认值时,计算的孔隙度为 24%,含水饱和度为 22%,但测试没有产量,只产纯水。使用 Picket 图版,结合实际的电阻率、孔隙度、含水饱和度,以及孔隙度指数,通过实际的含水层,估算正确的 m 值,得到 m 值为 3.7,说明存在复杂的溶蚀孔洞,进而计算出含水饱和度为 74%。

总的束缚水含量(BVW)的计算非常简单,数值上等于孔隙度与含水饱和度的乘积,可以用于处于束缚水(S_{wirr})环境下的油气层的评价。在油气层中,BVW 为固定值,与孔隙度无关,即地层水通过毛细管压力赋存在孔隙网络中。Asquith(1985)总结了 BVW 与颗粒尺寸、孔隙类型的对比关系(表6.3),当 $BVW < 0.04$ 时,油藏不产水。表6.3也指出,如果溶洞型油藏不产水,那么要求 BVW 要非常小,因为溶洞型孔隙中的毛细管压力作用很小,因此赋存的水量也很少。

表 6.3　束缚水饱和度与粒度和碳酸盐岩孔隙类型之间的关系(Asquith,1985)

总的水体积(BVW)		
按照 Fertl 和 Vercellino(1978)分类的粒度标准		
粗砂岩	1.0~0.5mm	0.02~0.025
中砂岩	0.5~0.25mm	0.025~0.035
细砂岩	0.25~0.125mm	0.035~0.05
极细砂岩	0.125~0.0625mm	0.05~0.07
粉砂岩	<0.0625mm	0.07~0.09
碳酸盐岩孔隙类型		
溶孔		0.005~0.015
溶孔和晶间孔		0.015~0.025
晶间孔和粒间孔		0.025~0.04
白垩孔		0.05

产量比指数(PRI)方法基于假设溶洞型孔隙不连续,因而对地层电阻的影响很小,基质孔隙对电阻率的贡献可通过测井曲线测量(Nugent 等,1978)。通过电阻率测井和声波测井估计基质含水饱和度,再与来自中子密度测井得到的总孔隙度相乘,就得到了产量比指数 PRI:

$$PRI = S_{wg} \cdot \phi_{n-d} \tag{6.19}$$

式中　S_{wg}——应用声波时差估算的含水饱和度;

　　　ϕ_{n-d}——应用中子—密度交会估算的总孔隙度。

PRI 可用于评价溶洞或铸模孔隙型碳酸盐岩油藏的初始含水率,当 PRI<0.02 时,不产水,当 PRI>0.04 时,完全产水。综合应用这些技术,可以理解碳酸盐岩油藏中油气的分布。这里,都需要应用岩心数据对地质和岩石物理参数进行标定,从而得到正确的结果。

碳酸盐岩储层的微孔常发育在泥质沉积中,通常还会伴生化石铸模孔,成岩作用将细粒沉积物转化为晶粒形式,会赋存大量束缚水。此时,电流流动更加容易,不必像在颗粒之间那样通过弯曲的通道。测井响应上表现为比实际更高的含水饱和度。Keith 和 Pittman(1983)提出了基于大孔和微孔比例的碳酸盐岩储层分类方案,即单峰型孔隙结构和双峰型孔隙结构。他们用真地层电阻率、冲洗带电阻率与钻井液滤液电阻率的比值,两个参数作交会图。发育两种孔隙的碳酸盐岩储层,相对于只发育大孔隙的储层,冲洗带电阻率与钻井液滤液电阻率的比值较低,这是因为微孔隙中的束缚水不能被钻井液所驱替,从而浅电阻率读值较低。

Guillotte 等(1979)将岩心孔渗数据在双对数坐标上作交会图,提出使用单一结构参数 W 来综合阿尔奇公式中的 m 和 n。线性参数 W 可以通过式(6.20)得到,将含水饱和度和孔隙度与 R_w 和 R_t 建立关系:

$$S_w \cdot \phi = \left(\frac{R_w}{R_t}\right)^{1/W} \tag{6.20}$$

式中　R_w——地层水电阻率,Ω;

　　　R_t——地层真电阻率,Ω。

W 值对于不同油田、不同储层,以及不同岩石类型之间都不同,需要精细地标定。

从上面的例子中可以看到,要正确地表征碳酸盐岩储层,需要进行特殊的处理,但所有的方法都需要依托岩心数据。碳酸盐岩岩石物理学家需要想象力和创新性,通过已有数据,在复杂的岩石中找到油气。

6.6　不确定性

属性模型的不确定性范围相比于深度转换或是相模型要小。但如果自由水界面确定错误,会极大影响储量。通常会对孔隙度设置一个不确定范围,但如果使用全属性建模方法建模并计算储量,就可以包含所有的孔隙度范围。此时,孔隙度的不确定性就可以归结为岩石物理解释过程中引入的孔隙度不确定性了。具体的处理办法将在下一章中讨论。

6.7　小结

属性建模是一项挑战,因为这里试图将数据外推到很远的地方,但"巧妇难为无米之炊"。重要的是把握对储量有影响的孔隙度的分布,对流动有影响的渗透率的分布,但事实上,在这个过程中做了很多假设,因此需对结果保持谨慎的态度。

第7章 储量计算和不确定性

计算储量主要有两种方式,一是通过静态模型直接估算,另一个是通过动态响应间接估算(图7.1)。前者的测量精度是孔隙度、储层净厚度的函数,后者的精度是温度、压力测试数据频率和质量,流体分析,以及产量的函数。而最关心的是静态模型的储量,即油气原地量(HCIIP)静态模型的主要参数包括:总的岩石体积(GRV)、孔隙度、净毛比(NTG)、油气饱和度,以及地层体积系数(FVF)。

$$HCIIP = \frac{GRV \cdot \phi \cdot NTG \cdot (1 - S_w)}{FVF} \tag{7.1}$$

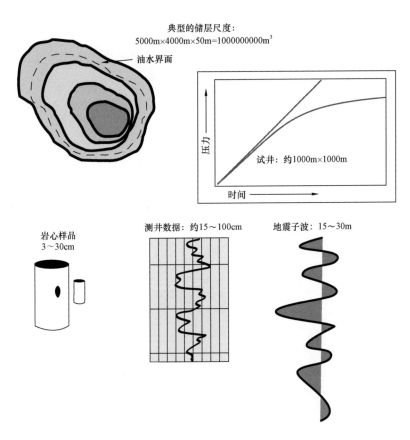

图7.1 常见的测量尺度,从岩心到测井、地震、试井,
不同的数据源测量尺度相差数个数量级(Cannon,2016)

如果有充足的信息,那么通常还会包含周边类比井组或油田的相关参数。三维饱和度模型可提供更精细的流体分布信息,提高精细程度主要依靠模型中更好地体现了断层分区的几何形状,饱和度模型受到了相模型、岩石类型,以及饱和度高度函数的约束。计算之后,就可以

分析连通的储量规模,并估算指定目标或相中的泄油体积了。

GRV 基于油藏构造图、地层厚度图、油气水界面或自由水界面几个参数得到,也可以建立一个简单的等体积平面图或三维网格模型。在平面图中,体积是通过求积仪在等厚图上,对不同的区域汇总得到的。前面已经介绍了如何生成三维网格模型。孔隙度是通过井数据和所选的插值方法估算得到的,净毛比是通过井数据和相模型确定的,含水饱和度是通过饱和度高度模型和实验室测得的 PVT 实验,或是通过类比数据得到的。动态计算储量的方法包括物质平衡、递减分析,以及数值模拟等。

通常,构建储量计算模型最好的方式是对一个已有的确定法得到的储量估算结果进行细化。这样就可以基于一个基础结果,实现后续估计结果之间的对比。就可以估计不同参数对不确定性的影响。油气行业具有统一的描述油田或盆地的资源量的标准(图 7.2)。

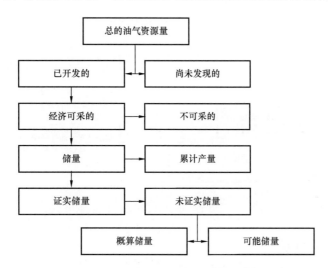

图 7.2　油藏资源量和储量方面的规范术语

一般确定性方式得到的储量可分为证实储量、概算储量和可能储量三类。概率法计算的储量可对应累计分布曲线上的 P_{90}、P_{50},以及 P_{10} 位置所对应的储量。对这些术语都有明确的定义:

证实储量——低风险,在目前的经济条件下,具有合理的确定性,即 90% 的预估储量可以开采出来,或是有 90% 的机会能够将预估的储量开采出来;

概算储量——能够开发出来的可能性多于不能开发出来的可能性,即至少有 50% 的概率能够将储量开采出来,从而商务上的决策可以在"最可能的"或"期望的"产出基础上制订;

可能储量——更多是推测的结果,具有较高的风险,但至少 10% 的储量可以开采出来,以及这是最大的投资回报预期。

还可以对两种分类方案计算的储量进行比较,或对前景、项目和投资的机会进行排序。1P,2P,3P 定义了与项目相关的风险,对比 1P 与 3P 能够确定不确定性的程度,对于已开发油田,3P 与 1P 的比值应在 1~3 之间。对于远景资源量,比值大于 10(图 7.3)。对于计划开发的区块,比值常介于 3~5 之间。

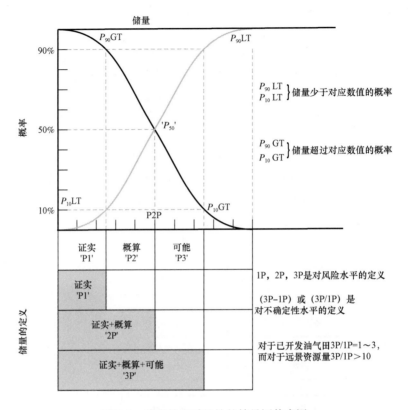

图 7.3   确定性和随机性的储量评估术语

7.1   工作流程的规范

储量计算是通过地质模型计算原油的原地量,并生成计算参数。储量计算的前提是确定油藏分区。对于数值模拟模型,储量也是对地质模型进行质量控制的一种方式,需检查其储量与地质模型是否一致。正确的储量计算结果是正确估计产量的基础。但不能要求得到完全精确的储量计算结果,粗化之后,模型的 GRV 将发生变化,通常,模拟模型中的储量会减少,当两个模型之间相差5%时,是可以接受的。最大的变化参数一般是含水饱和度。有必要对储量计算的每个环节都进行质量控制,从而保证参数的正确性。在不确定性模型部分,将看到参数变化范围对储量的影响。

7.1.1   储量相关的术语

通常,地质家和油藏工程师描述储量时会使用不同的术语,这里还包含油水界面的定义等。为了避免混淆,这里列出可能涉及的术语。

自由水界面(FWL):毛细管压力为零或是储层完全含水处的垂深。

过渡带,油气同产带:这种说法与另一种情形不同,另一种情形定义,过渡带是油气饱和度向油(气)水界面方向减小的带,这里的油(气)水界面也与自由水界面不同。

总的模型体积(GRV):模型的总体积,包括岩石体积和孔隙体积。这个体积有时指模型总体积,有时也指含油气部分的体积,即模型中,油(气)水界面之上的体积。

岩石骨架体积（BRV）：模型中，岩石的总体积，数值上等于总的模型体积与孔隙体积的差值。

含油气岩石体积（$HCBRV$）：数值上等于油气层顶面到自由水界面之间的体积。

孔隙体积（PV）：模型中孔隙的总体积，无论孔隙中的流体是什么，数值上等于总的模型体积与孔隙体积的差值。

含油气孔隙体积（$HCPV$）：数值上等于油气藏顶面与自由水界面之间的总的孔隙体积。

气的原地量（$GIIP$）：模型中气的总体积。

油的原地量（$STOIIP$）：模型中油的总体积，按照地面条件计算。

7.1.2 成果

地质模型需提交下列成果。

模型的分区。每个区域需给出特定的名字。分区可通过一组多边形或是一套地质网格参数进行定义。

（1）孔隙体积。

（2）油气体积。

（3）总的岩石体积，可用于粗化时的权重。

（4）含油气的总的岩石体积，包括 BV_{oil} 和 BV_{gas}。

（5）含油气的孔隙体积 $HCPV$。

（6）油的原地量，按照地面条件计算。

（7）对上述参数的不同组合，如每个分区中的 $STOIIP$，$HCPV$ 等。

对于模拟模型，需要提交下列成果：

（1）模拟模型中的油藏分区，如 $FIPNUM$ 参数；

（2）模拟模型的体积参数、孔隙体积和流体体积；

（3）分区的体积参数、孔隙体积和流体体积；

（4）模拟模型与地质模型的质量控制，确定模拟模型对孔隙体积的修正量。

7.1.3 必要的数据

储量计算需应用网格模型，在地质模型和数值模型中，需要下列定量参数：

（1）孔隙度模型；

（2）净毛比模型；

（3）含水饱和度模型；

（4）地层体积系数模型。

另外，还需流体界面的空间展布数据。

7.2 储量计算的工作流程

对于地质模型：

（1）建立体积和饱和度分区，主要基于网格边界、断层、界面、分区、井分区等，保存并记录所有的封闭边界；

（2）当存在孔隙度和饱和度模型时，地质模型中的储量计算通常很简单；

(3)形成储量报告并保存结果。

对于动态模型:

(1)建立完网格以后,要根据地质模型定义的分区,对网格进行分组;

(2)计算模型总体积,并与地质模型对比;

(3)给网格赋属性值,计算模型中的孔隙体积,并与地质模型对比,如果差异很小,且能够通过不同的网格系统进行解释,那么就调整孔隙体积来与地质模型匹配;

(4)当添加了流体界面和含水饱和度以后,计算流体体积,并与地质模型对比,包括总体积和分区体积;

(5)再对孔隙体积进行必要调整,与地质模型进行拟合。

7.2.1　随机模型计算的储量

当使用随机模型时,一个实现的结果不足以代表油藏的储量。需要通过不确定性模拟,并选取某个特定结果来估算储量,包括平均值,以及 P_{10},P_{90} 对应的储量结果等。

对于模拟模型,模型中的储量通常要与官方正式的储量结果相比较,当模型中的储量与官方正式的储量差异较大时,就会出现问题。

对地质模型进行排序,并作为模拟模型的基础,挑选的地质模型的储量应与官方正式的或期望的储量数相近,但是,通常只是保证总体积的一致性,模型很难保证油气的分布与实际情况完全一致。因此模拟模型可做出以下调整:

(1)可以适当调整模拟模型的储量,从而与正式的储量相匹配;

(2)不对储量进行调整,但要将产量与储量同时输出,并与正式的产量和储量数进行对比。

7.2.2　储量计算和网格分辨率

储量的计算结果一定程度上取决于网格的分辨率。对大部分油田来说,这些变化能够包含在不确定性范围内。如果有必要,可对网格分辨率对储量的影响程度进行评估。评估结果可用于指导区块模型的建模。

如果细网格计算的储量结果与常规网格差异很大,那么可以对常规网格计算的体积进行校正。需要对含气和含油部分的体积分别校正。还需再进一步对流体体积进行校正。校正中假设模型的校正量是均匀分布的。

如果地质网格使用了"之"形断层,那么也可以用类似的方法对模拟模型进行校正。

7.2.3　地质模型和模拟模型的对比

首先,检查地质网格的孔隙体积(PV)。找到差异较大的原因,并进行校正,地质网格向模拟网格进行粗化时,造成差异的原因包括下面几个因素:

(1)模拟模型中,层面的定义有误;

(2)断层的表征有误;

(3)模拟模型网格太大;

(4)孔隙度的粗化有误。

孔隙度的误差可以通过调整总体积来消除。

校正完孔隙体积之后,再检查流体体积。通常,先校正气和水的体积,再校正油的体积。

这是为了避免油的体积在校正完之后,又因其他校正而随之发生了改变。

7.2.4 储量计算成果报告

模型计算的储量需保存成文本文件,并明确指出计算的基础和参数。大部分的软件都提供了生成成果表格的功能。

文件需包含下列内容:

(1)用于计算储量的地质模型的名字;

(2)使用的地层体积系数和溶解参数;

(3)如果包含多个分区,还要对分区号进行注释。

7.3 资源和储量评估

需要对资源进行评估,从而确定开发的经济性。不同组织评估储量的方式不同,确定项目的经济性也有不同的标准,需要尽量准确地评估储量,从而保证做出正确的决定。公司需要为股东和投资方赚钱,这里的股东也包括所在国的政府。作业者需有效管理资产,组织商业活动,并管理预期,因此需对资产组合的未来开发预期进行评估。同时,大部分的国际油气公司应按照规定向股票市场披露资源和储量,从而使投资者获得信息。股票交易不会为潜在的投资者推荐投资方向,但要求公司能够正常运转。对资源和储量的评估需要反复迭代,这个过程并不精确。

2011 年,石油工程师协会(SPE)、世界石油大会(WPC)、美国地质家协会(AAPG)、石油评价工程师协会(SPEE)联合发布了新的储量评估管理系统(PRMS)。PRMS 是定义资源和储量的方法,是为了"在评估数量、评价开发项目、展示结果方面形成具有可比性的分类框架(SPE,2011)"。这个指导是为了向世界石油工业提供一般性参考,包括国家的公报、管理机构等,从而满足油气项目和资产管理的需求。这是为了油气资源能够在世界范围内的交流更加清晰。该系统的一个优点是既适用于常规资源,也适用于非常规资源。

该体系主要用来区分资源量和储量,资源量是油田或合同区,或是盆地中原始天然赋存的油气量,储量是一个已获得批准的项目中,能够经济开发的油气量。储量必须满足四个标准:这些储量必须是已发现的,可采的,具有经济性的,并且是在给定时间内能够投入生产的。资源量和储量都可以根据其不确定性范围划分为证实的(P1),概算的(P2)和可能的(P3),这个不确定性既可以通过确定性方法估计(包括低—中—高三种情况),也可以通过概率性方法估计(对应 $P_{90} - P_{50} - P_{10}$ 三种情况)(图 7.4)。对于不同级别储量和资源量的定义见表 7.1 至表 7.3 所列。

要达到储量级别,项目必须充分论证其经济可行性。需要有合理的证据说明,项目所需的内部和外部条件能够在可预见的未来得以实现,需要坚实的证据表明,项目将按照合理的时间表投入开发。必须要有实际的生产或是地层测试数据来证明储量能够被经济有效地开发出来。在某些情况下,储量可能是基于测井曲线和岩心分析结果评估的,这时就要求目标储量具有与其相似的类比对象,这些对象要求与目标储量在同一区域,且已经投入生产,或是通过地层测试已经证实了其生产能力。

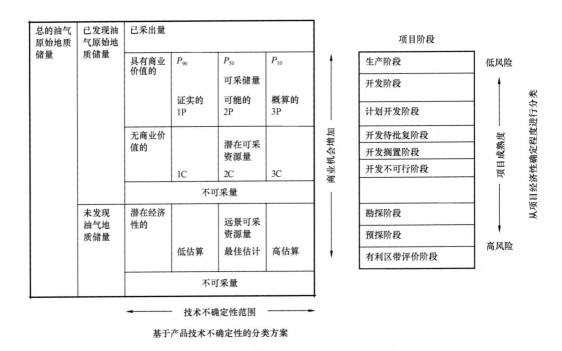

图 7.4　石油储量管理系统(PRMS,2011)

项目合理的投入开发的时间表取决于其特定的环境和条件。通常的时间标准为五年,但有些时候更长的时间表也是可以接受的。比如,项目的开发可能会因为市场相关的原因,或是某些合同、某些战略目标而被延期。但在所有的情况下,对储量的分级都需进行明确的说明。

表 7.1　PRMS 中的储量相关概念

类型/亚类	定义	参考
储量	在评估日给定的条件下,未来通过对已知油气聚集体实施开发项目能够被经济采出的石油估算数量	储量需要满足四个条件,已发现、可开采、具有商业性和基于实施的开发项目在评价时间内有剩余可采量。根据评估的确定性水平,可以将储量进一步分类,并按照实施项目的成熟程度将储量分成不同的级别,或根据开发和生产状况对储量进行描述
生产阶段	开发方案正在进行,并向市场销售原油的项目	关键是保证开发方案的实施可通过销售获利,而不是说已经审核的开发方案必须完成。也就是说要百分之百保证开发方案的商业化
批准开发	所有必要的审批都已取得,资金已经批准,开发方案即将实施	在这一点上,必须保证开发方案可行。方案的执行没有不可预见性的费用,如管理部门的批准或销售合同的影响。预测的资本支出应包含于已经上报并获得批准的、当前或未来的预算中
开发论证	开发方案的实施必须建立在对经济条件进行合理预期的基础上,也要对相关的审批和(或)合同有合理的估计	为提高项目的可执行度,获得储量,开发方案在制订时就应具备商业可行性,对未来的价格、成本及方案的特殊情形有所预期。为证实方案可商业化推广实施,在合理的时间框架内,有充分的证据支持可将开发进行下去。应当具备充分而详细的开发方案进行商业评估,在方案正式运行前,对所需的审批或销售合同做出合理估计

表 7.2　PRMS 中的潜在可采资源量相关概念

类型/亚类	定义	参考
潜在可采资源量	在确定的时间内,通过采用开发方案从已知的储集体中可能产出的石油,但由于一种或多种不可预见性费用,还不能进行商业化开采	潜在资源量可以包括目前没有市场,或者商业性开发依赖于技术进步,或者对石油聚集体的评价明显不具备商业性的项目。根据评估的确定性水平,可以将潜在的资源量进一步分类,同时也可以依据项目的成熟程度细分,或者根据经济状况对其进行描述
开发准备阶段	对已发现的油气储集体,正进行必要的项目准备工作,从而对项目的商业性进行进一步的论证	项目表现出合理的开发潜力,目前正在获取数据(如钻井或地震数据),以进一步落实其商业可行性,从而为选择合适的开发方案提供依据。要确定一些不可预见的费用,并在合理的时间框架内得到合理的解决方案
开发搁置阶段	已发现的储集体,相关的项目活动要被搁置,商业开发相关的工作将被大幅推迟	项目似乎具有商业开发潜力,但由于一些不可预见的费用,无法开展进一步的评估,或是商业性开发的潜力还需进一步落实
开发不可行	已发现的储集体没有配套开发方案,或是因产能限制,没有获得足够数据	在上报期间,不认为该项目具备商业开发的潜力,但具有理论上的可采储量,可在今后技术和商业条件发生重大变化的情况下,变得有机会开发

表 7.3　PRMS 中的远景资源量相关概念

类型/亚类	定义	参考
远景可采资源量	远景可采资源量是指在指定评估日,通过将来对未发现的石油聚集体实施开发方案可能采出的石油估算量	按照资源被发现的机会对其进行分类,假设已经发现了,那么在现有的开发项目中,其应属于可采储量。需要认识到,开发项目通常缺少大量细节,因此在勘探早期阶段,对该类资源的认识严重依赖于与已开发项目的类比
远景圈闭	与具有潜力的储集体相关的项目,该储集体具有较高的钻井价值	项目活动主要集中于评估资源的发现概率,以及假设在已发现了资源的情况下,评估其中具有商业性价值的可采储量规模
远景目标	与具有潜力的储集体相关的项目,该储集体目前还不能充分证明具有钻井价值,还需要更多的资料确定其是否为远景圈闭	项目活动主要集中于收集更多的数据,或是做进一步的评价,从而确定远景目标是否可以成为远景圈闭。其中包括评价其发现的概率,以及假设在已发现了资源的情况下,评价在合理开发方案下的可采储量规模
远景区带	与具有潜在远景圈闭相关的项目,该区带中的储集体还需要更多数据的支持和评价,从而确定其为远景目标或是远景圈闭	项目活动主要集中于收集更多的数据,或是做进一步的评价,从而确定其为远景目标还是远景圈闭,以及假设在已发现了资源的情况下,评价在设想的开发方案下的可采储量规模

7.4　不确定性建模

　　世界存在不确定性,不确定性分为随机型不确定性和系统型不确定性。当哈利问罪犯是否觉得幸运时,互相都不知道枪里是否有子弹,这就是系统不确定性。某人玩俄罗斯转盘时,已知有一颗子弹在枪里,这时就是随机不确定性。还要区分不确定性和风险的概念,风险是对危害的可能性的度量,而不确定性描述的是等概率的结果。不确定性来自未知,而不是对两个可能性的选择,相反对于风险,则表示存在失败的可能性。对不确定性最好的定义是,不确定性是对我们认知水平的衡量,或是预测水平的衡量。

可以通过对某个属性进行更多的测量来降低不确定性,或者是咨询专家对数据的认识,换句话说,就是提高对油藏的认识。可以通过增加样品数量来提高对不确定性的统计性了解,把握不确定性的所有范围。研究人员希望随着勘探、评价的开展,不确定性会随之降低,但事实上,也并非总是能够如愿(图1.2)。

3D模型是在大量不确定基础上建立的,数据质量、解释质量、采样的代表性等在工作流程中都很重要。英国B油公司发布的研究成果认为(Speers和Dromgoole,1992),不确定性与沉积相研究成果相关,在存在分区的三角洲相储层中的不确定性最大,在海底扇中不确定最小(图7.5)。最大的不确定性来自储层的范围,其中30%的变化来自构造层面的变化。在开发的早期,一个模型无法把握所有的不确定性范围。重点是尽可能多地生成不确定性模型,并对其进行排序。前面已经介绍了各个研究阶段中的大量的不确定性,现在是时候把它们综合到一起了。

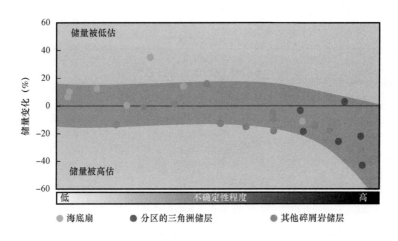

图7.5   按照沉积环境区分的油田储量不确定性范围(Speers和Dromgoole,1992)

7.4.1   具体的工作流程

不确定性的评价过程包括对所有与储量、目标区、目标属性相关的不确定性的管理和定量。不确定性评价的内容取决于研究的目的、油藏类型,以及开发的复杂程度。

不确定性分析涉及的参数关系通常很复杂。通常使用随机方法处理,生成所有参数范围的实现。其结果是在所有生成结果中进行选择,并得到结果的分布概率函数(PDF)。随机结果的范围与随机种子相关,事实上,种子本身也是一个变量,也具有不确定性。

对于井位设计和流动模拟,需要对生成结果进行排序,从而能够在后续工作流中进行选择。对于储量和资源的评估,报告中至少包含下列内容:

(1)储量分布范围的文字报告;

(2)储量分布的累计概率函数曲线,并指出P_5,P_{10},P_{20},P_{50},P_{80},P_{90},以及P_{95};

(3)储量结果相关的统计表单,包括储量的平均值、标准差、不同百分位对应的结果(P_5,P_{10},P_{20},P_{50},P_{80},P_{90},以及P_{95})。

上述储量报告的图表中,应包含如下内容。

（1）层面的不确定：

① *BRV* 不确定性分布；

② 含油岩石体积（*HCBRV*）的不确定性分布；

③ $P_{10}, P_{20}, P_{50}, P_{80}, P_{90}$ 对应的层面实现。

（2）断层的不确定性：

如有必要，还要为后续模拟选择若干个模型实现，从而确定断层对产量的影响。目前还没有评估断层对产量影响程度的方法。

（3）属性模型的不确定性：

① *STOIIP* 的不确定性分布范围；

② *GIIP* 的不确定性分布范围；

③ *STOIIP* 和 *GIIP* 排序对应的属性实现。同时保证这些实现与观测数据没有矛盾。

（4）流动模拟的不确定性：

① 采收率的分布范围；

② 产量剖面的分布范围；

③ 产量剖面特征值的分布范围，比如水的突破时间、稳产结束时间等；

④ 不确定性范围对应的必要参数，这取决于研究的目的。

（5）层面模型的不确定性：

① 地震等 T_0 图；

② 地震解释时间域的不确定性图，P_{95} 对应的残差图（如果残差达到 10m，那么意味着地层同相轴与对应的合成反射有 95% 的概率在 10m 以内）；

③ 各层的速度平面图，主要是为了使解释结论与井点上完全吻合，而对速度进行的调整；

④ 速度不确定性平面图，或线性模型的参数分布；

⑤ 解释层位与井点对应层位深度的标定。

（6）断层模型的不确定性：

① 属性模型（岩石物理或相分布）；

② 与地震可识别断层相关的流动参数的分布范围；

③ 地震不能识别断层的参数分布范围（长度、断距等）；

④ 油藏对断层的敏感性研究。

（7）属性模型不确定性：

① $P_{10}, P_{20}, P_{50}, P_{80}, P_{90}$ 对应的构造网格；

② 在基础实现网格上，多个属性的实现。

7.4.2　不确定性评价流程

评价不确定性是一个多学科任务，需要了解整个建模过程。这里只列出关键分析阶段。

7.4.2.1　项目计划

对不确定性的把控要基于目前所处的阶段和已有的认识，从项目计划阶段就开始。此时有必要减少关键不确定性的数量，避免在那些基础实现已经足以达到要求以外的其他问题上耗费时间。定义了关键不确定性，就可以统筹整个建模过程了。

项目的计划要从第一步的不确定性开始,即地震解释和地震格架的建立。

7.4.2.2 地震不确定性和模型整体体积不确定性

建立地震格架的最后一步是建立对应的网格。与此同时,就需要对 *BRV* 进行估计。需要确定下列内容:

(1)主要来自层面的地震解释层位标定,深度转换过程导致的 *BRV* 的不确定性;

(2)主要自断层解释过程,地震中可识别和不可识别的断层导致的 *BRV* 的确定性;

(3)本阶段数据的可用性导致的流体界面位置造成的 *HCBRV* 的不确定性。

尽可能多地生成层面来估计层面不确定性的范围。现有软件不能考虑断层对体积不确定性的影响。目前断层是作为确定性因素在模型中进行定义的。

不确定模拟中的 P_{50} 对应的模型储量结果需要与确定性方法估计的储量结果进行对比。确定性模型应代表了最可能的结果,应与 P_{50} 结果具有一致性。

在确定性模型基础上,还应建立 P_{10} 和 P_{90} 的模型实现。这可以为后面进行属性建模时提供选择,如有可能,还应建立 P_{20} 和 P_{80} 的实现。

在建立了构造格架之后,多个学科应共同讨论 *BRV* 的不确定性结果。讨论包括如何处理不确定性,如何在地震格架和等厚模型中综合这些不确定性,以及如何在流动模拟中处理这些不确定性。

7.4.2.3 地质不确定性和流体体积不确定性

开展了地质属性分析之后,各学科应再一次共同讨论不确定性,以及如何更新工作计划来处理这些不确定性。

对于 *STOIIP* 的不确定性,通常的处理办法包括以下几方面。

(1)对之前建立的不同的地震格架,建立对应的地质网格,并进行属性建模。不同的地震格架之间,网格大小应保持一致,估计不同的格架模型中,*STOIIP* 的分布范围。

(2)绘制 *HCBRV* 与 *STOIIP* 交会图,并评价二者之间是否存在线性关系,进而可以用于表征构造的不确定性。

(3)使用不同的参数组合计算 *STOIIP* 的分布范围,包括:

① 相比例;

② 特殊相目标的尺度;

③ 特殊相属性的分布。

至少需要模拟 10 个实现。

7.4.2.4 地质不确定性与流动模拟

通常,只有很少的实现中会进行数值模拟计算。生成这些实现的人,还要负责对这些实现进行排序。理想情况下,选择的实现应具有生产历史数据,可以判断井之间是否彼此连通,具有最小的井控储量,是否有压力阻隔。

实现的数量要基于模拟工作的计划,比如估计采收率、进行历史拟合、部署井位等。如果是估计采收率或部署井位,那么通常要包括低方案、最可能方案,以及高方案。如果未来要进行历史拟合,通常选择最可能的方案。先对最可能方案进行模拟,再用得到的经验知识来指导选择新的实现。

使用流动模拟评价主要的不确定性,然后确定模型需要在哪个方面进一步深入。尤其是对断层模型,比如断层的分割性等。

7.4.3 对模拟结果进行排序

通常,不能对100个地质实现都进行模拟,这样计算能力无法实现。因此,需要做一些排序,然后选择合适的实现进行模拟。

基础实现——哪个是基础实现呢?

如果用相模拟算法计算了100个实现,这些实现都是等概率的,那么这100个实现都不是确定性的。这是因为,确定性建模聚焦于期望值,而随机建模关注变量和不确定性。有些说法认为可以选择平均的 $STOIIP$ 作为基础实现,那么对某口井的设计就可能存在较大风险,在这唯一的实现中,不知道设计的井位是否"走运"。

"锚定"是在较大不确定性范围内,选择最佳估计的过程,锚定点对后续的不确定性分析具有重要影响。换句话说,最小值太小和最大值过大都是不可接受的。

使用模拟对实现结果进行排序听起来有点愚蠢,但却是个好办法。这么做可看到不同的模型实现与历史拟合的关系。历史拟合符合率最高的模型实现就是后续工作将要选用的实现。如果所有实现的历史拟合结果都不好,那就应该返回到属性建模,并适当地修改设置。

流线模拟可以快速地对实现进行排序。这种方法最适于存在间断的沉积相类型,比如河流相储层。同时,该方法还有一些本质上的缺陷,比如方法只适用于单相流,且忽略了重力的影响,对井史的处理过于简单。因此,该方法会给用户留下大量未知的问题。使用流线对模型实现进行排序的例子将在最后一章中介绍。

通过观察,定性地对实现进行排序可能是最好的方式。如果正在设计井位,可以观察井区附近的栅状图和剖面图,并推断使用哪个实现进行动态模拟。

7.4.4 其他不确定性评价方法

可以简单地使用矩阵列出关键参数的不确定性范围,比如总的模型体积 GRV 或岩石骨架体积 BRV,净毛比 NTG,孔隙度 ϕ,含水饱和度 S_w,FVF(图7.6),从而得出高中低储量可能性的数值。

变量	低储量方案	中储量方案	高储量方案
GRV (m³)	15600000	18230000	19700000
FWL (m)	2782	2791	2809
NTG	0.37	0.46	0.48
ϕ	0.23	0.26	0.29
$(1-S_w)$	0.63	0.75	0.81
FVF	1.034	1.045	1.052
$STOIIP$ (m³)	864799	1708816	2336718

图7.6 确定低—中—高储量的确定性方法,这是所有储量工作的出发点

　　这既可以使用3D模型,也可以使用表格表示,事实上,使用随机型不确定性表格是一个很好的方法,同样的时间,表格方法可能会得到1000个实现,而模型只能得到10个。

　　进一步地,软件都试图通过自动的工作流来评价解释结果的不确定范围。这在对储量影响最大的构造建模方面尤其有用(Leahy 和 Skorstad,2013)。

7.5　小结

　　很多时候,最终的储量计算都是数周工作的高光时刻,因此所有人都要对结果高度重视。准备好接受批评意见,也要准备好维护团队的工作成果,更不能忘了,这只是一个估计的结果。

　　"所有的模型都是错的,但部分模型是可用的。"

第8章 模拟和粗化

通常不会将精细网格模型直接用于油藏模拟,而需要进行粗化。粗化过程通常被忽略,但与油藏工程师的讨论认为,对粗化过程考虑得越早,粗化工作就会越简单,同时结果也更好。在开展相建模之前,通过考虑主要的流动方向来确定网格方向,就会减少后续对模型的处理。要综合考虑模拟速度来确定网格大小。粗化过程要保留储层构型和油藏的净孔隙体积,从而保证地质模型的连通性与动态模型估计的采收率具有一致性。通常,粗化网格数量上较少,网格垂向厚度大,常使用阶梯形断层。也有悲观的说法认为"粗化是对信息进行了错误的处理,但却得到了正确的结果"(图8.1)。就像历史拟合一样,结果并不是唯一的,就像"你可以弹对所有的音符,但未必按照正确的顺序"(Morecambe 和 Wise,1971)。

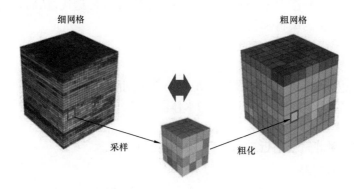

图8.1 储层属性的粗化,粗化中涉及采样方法、尺度,以及采样区域等(引自 Schlumberger – NExT)

因为结果不是唯一的,因此需要测试不同的情况,并考察哪个结果的动态模拟的响应最好。这需要在原型模型上进行理论模型测试。虽然大量提高计算能力的方法都被尝试过,比如并行计算,但目前还没有真正的,能够替代粗化的解决方案。

粗化一般分为两步,粗化网格和粗化属性。但正像前面讨论过的,如果模型是为了动态模拟,那么对模拟网格的设计应在项目初始阶段,及早开始。

8.1 数值模拟网格设计

本章介绍数值模拟网格的设计和建立过程。建立数值模拟网格与前面地质网格密切相关。建立模拟网格需要对一些需求进行妥协,这些需求有些彼此相关。模拟网格的质量需要应用模型的目标进行评价:

(1)包含层面和断层的地质格架;

(2)属性数据尺度的分析;

(3)地质网格的设计;

(4)地震上难以识别的,通过井对比识别的断层数据。

井轨迹的网格的影响,尤其是需要进行局部加密的部分:

其他附加数据包括:

(1)断层中心线的质量控制;

(2)用于断层接触关系和连通性评价的 Allan 图;

(3)地震立方体深度的质量控制。

8.1.1 网格设计流程

网格设计的基本流程包括以下几点。

(1)定义模拟网格的范围,最好是矩形边界。

(2)选择模拟网格包含的断层:

① 需要包含哪些断层;

② 使用倾斜断层还是垂直断层;

③ 是否使用"之"形断层。

(3)选择所需的地质层位。

(4)定义平面网格和边界线。对垂向网格的确定需要反复迭代,从而将网格数降到最小。要尽量避免后续对网格的编辑和更新。

(5)ijk 坐标系需按照右手定则,以西北角为原点。

(6)去掉非正交网格和扭曲网格。

(7)定义断层传导率,必要时要体现出地震不能识别的断层。

(8)选择用于数值模拟的网格。加大的水体需保留一个以上的网格量。这将在水体模型部分进行讨论。

(9)如有必要,对井轨迹附近进行局部网格加密(LGR)。

8.1.2 什么是角点网格

角点网格属于正交网格的一种,通过 8 个角点来定义网格,但网格的中心是固定的,网格的中心位于 4 个边界骨架之间。网格的边界骨架是与网格相连的垂向网格线。在角点网格中,网格的边界骨架一定是直线。角点网格通过每个边界骨架上的两个点,及其对应的深度进行定义。

每个网格都用整数 ijk 进行指定,k 沿着骨架方向,i 和 j 用来表示沿层方向。角点网格是大多数软件中的常用类型,非结构网格与直角网格(PEBI)只在特殊情况下使用。

笛卡儿网格是通过在某个平面上,某一点到指定平行线的一对距离来定义。这种坐标系统可以构建地质网格中的曲面和断层。局部矩形网格是在统一 xy 坐标中进行定义的网格系统,其中不能包含断层,且网格骨架是垂直的。

由于网格的骨架一定是直线,因此角点网格中需要定义断层的类型。使用角点网格不能处理铲形断层和"Y"形断层。通过四个角点定义一个面,因此网格的面通常不是水平的。生成网格时,有些网格就会出现畸变。实际应用中,当计算一个网格内的井的长度时,需要确定井和网格的交点,此时问题可能就会表现出来了。

8.1.3 网格设计的目标

网格设计要在不同因素之间达到平衡:

(1)网格要尽可能准确地代表地质体(图 8.2)。一般包括:

① 油藏边界的构造要素、层面、断层等;

② 不同尺度上的非均质性,比如渗透率的变化、隔挡等。

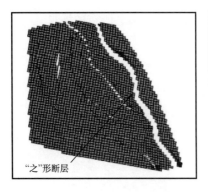
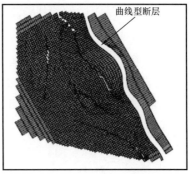

图 8.2　网格方向与主断层一致可更真实地反应断层(引自 Emerson – Roxar)

(2)网格要尽可能准确地表征流体的分布,包括流体界面和过渡带等。

(3)网格要尽可能准确地表征流动的几何形状(图 8.3),在饱和度变化的区域使用较小的网格。

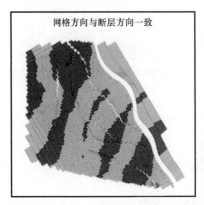
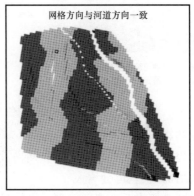

图 8.3　网格方向与主要的流动方向一致可更好地进行动态模拟(引自 Emerson – Roxar)

(4)网格应尽可能接近井的几何形状。

(5)网格的设计应使由于方程离散导致的数值误差最小(图 8.4),并尽量减少运算时间。

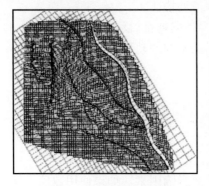
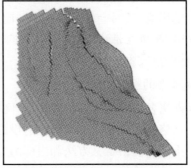

图 8.4　智能网格概念,将地质网格与动态网格设置为方向相同、
尺度互补,从而可以进行网格的粗化和细化(引自 Emerson – Roxar)

由于这些需求本身就是矛盾的,因此实际应用中很难满足所有的需求。

8.1.4. 网格方向的影响

网格方向的影响考虑的是所有由局部坐标造成的数值解的误差。

用来近似求解方程的有限差分方法,由于坐标方向的影响,在流动中会引入偏差。网格方向上的流动会被高估,而在网格对角方向上的流动会被低估(图8.5)。

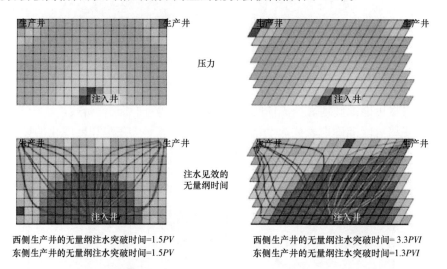

西侧生产井的无量纲注水突破时间=1.5PV
东侧生产井的无量纲注水突破时间=1.5PV

西侧生产井的无量纲注水突破时间= 3.3PVI
东侧生产井的无量纲注水突破时间=1.3PVI

图8.5　当模拟网格旋转了方向时数值弥散导致的井间流动变形(Long 等,2002)

网格方向的影响来自下面几个方面。

多相流方程中的非线性相关系数。网格方向趋近于零的时候,网格方向的影响会被消除。随着流度比的增加,误差也会增大。

对非正交网格使用五点离散模型。网格尺度趋近于零的时候,网格方向的影响会被消除。使用多于五点的离散模型可以减小网格方向的影响。使用非结构网格也可以减小网格方向的影响。

在垂向上,也存在网格方向的影响,比如使用平行于底的网格设计,会使沿着顶部层面的流动减慢。合适的网格应能够更加准确地反映流动特征。

网格方向的影响,有时会改变渗透率各向异性的特征,反过来,对于渗透率的各向同性特征,网格方向的影响也会带来问题。通常,如果网格与井轨迹方向平行,而与地质层面不平行时,这样的问题就会发生。

8.1.5　平面网格的构建

建立平面网格要从定义模型边界开始,网格要覆盖整个模型范围,同时定义网格控制线和网格尺寸。对网格的定义应扩展到模型的设计阶段,因为其与地震解释和地质数据紧密相关。不同的软件有不同的网格定义方法和内部结构。

对周边水体的评价也是定义网格范围的重要影响因素。如果使用数值水体,必须要有足够的网格来作为水体网格。

8.1.6　断层的平面表征

从平面上看,断层是由层面上的两根交线组成的。在设计平面网格时,应尽量准确地贴合这个交线,或者将断层线处理成"之"形。

"之"形断层不能很好地代表断层,但可以生成正交网格。但无论哪种断层表征方式,断层的掉向都要一致。在动态模型中,"之"形网格就可以满足要求并可以得到正确的层间流动。在断层方式对体积的影响可以忽略,或是可以同孔隙体积进行调整,以及断层与井之间的关系影响不大时,可以使用这类"之"形断层处理。

对于断层的处理推荐下列步骤:

(1)首先构建不考虑断层的网格模型,观测断层面与网格之间的关系;

(2)使网格方向符合主断层的方向,观测断层对网格的影响;

(3)逐级增加小断层,直到模型中包含了所有断层。

这个过程应反复迭代,从而确定哪些断层能够精确表示,哪些断层需要使用"之"形表示。

8.1.7　水体建模

水体就是一套含水,并且其中的水可以向油藏运动的地层。弱含水层就是含水但常压下,水不能向油藏运动的地层。

如果模型中使用的是数值水体,那么需要一个或是多个活动网格来代表水体。定义水体时可参考下列流程:

(1)如果水体很大,那么使用多于一个的网格来表征平面上的水体;

(2)网格不能没有体积,并且具有合理的深度值,这样可以避免对水体模型的人为影响;

(3)避免多余的连通,水体周边使用非活动网格;

(4)避免水体区插入了含油区内部,这样会导致模型不稳定;

(5)对水体网格定义特定的分区,从而可以检测水体的压力和体积。

8.1.8　局部网格的构建

局部网格加密(LGR)是为了在井周围形成更好的网格分辨率。使用局部网格并不是一定能够提供更好的结果。通常,提高垂向分辨率比提高平面分辨率更有效。一般使用 2×2 的细分就足够了。

局部网格的构建可以在网格实际模块进行。构建局部网格有如下可用选项:

(1)手动确定局部网格边界;

(2)按井周边确定局部网格边界;

(3)定义某些参数来选择一种网格进行加密。

也可同时使用这些方法。

8.1.9　网格的质量控制

网格粗化时,总是有不理想的网格,但要根据网格的数量和网格所在的位置来决定是否可以忽略,是否需要重建。在三维和剖面上观察网格的质量:

(1)在剖面上检查层面和网格的一致性,尤其是在断层附近;

(2)检查平面上断层的模式,地质网格中断层与模拟网格中断层的对应性;

(3)最好能够检查模拟网格与地震解释结论的对应性;

(4)检查网格厚度的分布,避免存在大量极薄的网格;

(5)检查扭曲网格,避免存在这样的网格;

(6)检查网格在平面上的投影的最大、最小角度,角度最好在90°附近;

(7)检查非凸网格和大倾角网格,这些网格模拟器可以接受,但应尽量避免;

(8)确定了网格以后,在不加入井的情况下运行模拟,确定模拟结果是否稳定,尤其是存在局部加密网格的情况,对有问题的网格进行处理;

(9)如果模型包含水体,检查水体初始情况下是否稳定。

在模拟之前一定在不加入井影响的情况下检查模型的稳定性。

8.2　属性模型的粗化

属性粗化是将精细网格的参数有效体现到粗化网格中,从而确定粗化网格中的属性值(图8.6)。粗化过程与粗化网格的用途相关。比如对渗透率的粗化,需要考虑粗化网格中的渗透率是否会涉及网格之间的流动,涉及网格与井之间的流动,抑或是需要建立其与毛细管压力之间的关系。

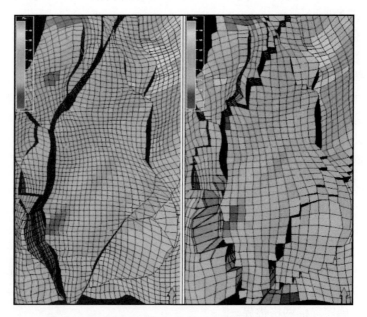

图8.6　孔隙度粗化结果,保持了所有初始的分布特征,
以及相同的孔隙体积(引自 Schlumberger – NExT)

粗化涉及四个重要因素:

(1)粗化区域的非均质性如何;

(2)粗化到什么尺度较好;

(3)取样的方法;

(4)粗化技术的选择。

有很多针对流动的粗化方法,但对不同方法的选择很困难。对于**渗透率**,通常根据情况在动态方法与静态方法之间区别选用:

（1）静态方法基于对属性数据进行算术处理，主要是一些统计平均算法；

（2）动态方法是基于对流动方程的求解，比如基于流动的粗化方法。

8.2.1　统计平均

静态方法基于不同的统计平均方法（图 8.7）。最基础的方法如下所示。

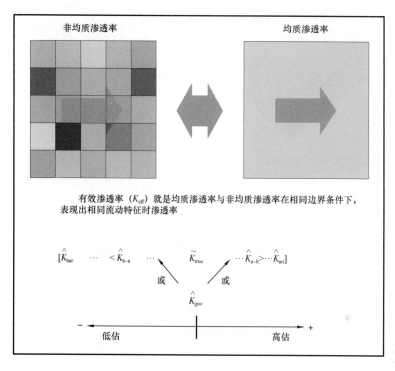

图 8.7　渗透率粗化技术路线，渗透率粗化是一项极具挑战的工作，
需要不同的平均算法，或是不同的压力求解技术（引自 Emerson – Roxar）

算数平均是对所有属性进行自然平均计算，比如孔隙度和泥质含量。对于层状地层，各层渗透率皆为常数时，也可以用于计算水平渗透率。常使用加权形式，这里的权重通常是岩石体积、层厚等。

调和平均用于层状地层，各层渗透率皆为常数时，准确求取垂直渗透率。如果样品中有一个层的渗透率为零，则结果为零。调和平均的加权系数与算数平均相同。

几何平均常用于渗透率符合对数正态分布，且无相关性的情况，即相邻网格间渗透率随机分布。

指数平均是算数平均、几何平均、调和平均的一般化形式。基于任何一种粗化类型，都有其对应的指数值。

算数—调和平均是将两种平均方法进行综合（图 8.8a）。首先，在垂直流动方向上，计算每个段的算数平均，再对算数平均的结果计算调和平均。算数—调和平均常用于层状地层，每层渗透率为常数时，准确计算粗化渗透率。其对于水平渗透率计算算数平均，对于垂直渗透率计算调和平均。

调和—算数平均是另一种综合两种算法的平均方式（图 8.8b）。首先，在流动方向上计算调和平均,然后对调和平均结果计算算数平均。对于理想的层状地层,每层渗透率为常数的模型,计算结果相同。

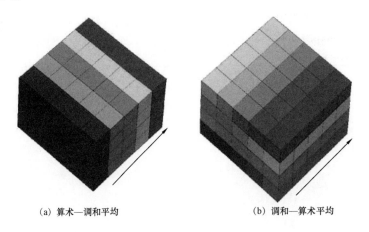

（a）算术—调和平均　　　　　　　　　（b）调和—算术平均

图8.8　两种常规平均方法对比(引自 Emerson – Roxar)

8.2.2　重复归一化

重复归一化是将渗透率等效为电阻网络的粗化技术,应用于电阻网络的 Kirchhoff 法则被用于类比不可压缩流体的达西法则。

模拟网格在每个方向上都被细分为 $2n$ 个,这里的 n 由用户定义。细分网格体中,选中 $2 \times 2 \times 2$ 个单元,在流动方向上计算压力梯度。这就会得到一个粗化渗透率的中间成果。在高一个尺度上 $(n-1)$ 重复这个过程,直到得到粗化结果。

8.2.3　动态粗化

动态粗化中,在粗化范围内,进行小尺度的流动模拟,这需要给定边界条件。粗化结果的质量受边界条件的影响很大(图8.9)。

边界问题是粗化的基础问题之一。理想情况下,用于粗化的边界条件应能够反映粗化网格是属于全油藏的一部分的性质。对于复杂的油藏模拟,这些边界条件在时间和空间上都是变化的,因此很难估计出来。

(1)非流动边界条件。

对于非流动边界条件,压力梯度被同时用于每个坐标方向上。这里包含如下假设:

① 在垂直压力梯度方向上的面上,各点的压力梯度为常数;

② 在平行压力梯度的面上,没有流体通过。

(2)线性边界条件。

对于线性边界条件,边界上的压力变化符合线性特征。这里,模拟网格内部每个位置上的压力梯度是固定的。

(3)周期性边界条件。

对于周期性边界条件,假设细网格的渗透率是恒定的,流动不受井的影响。同时在每个方向上应用压力梯度,那么就可以满足下列边界条件:

① 在垂直压力梯度的面上,网格对立的两个面上的压力不同;

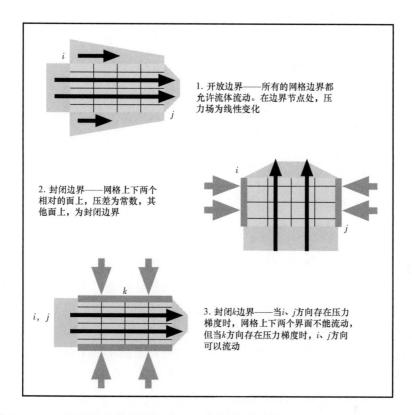

图 8.9　用于粗化渗透率时求解压力的不同的边界条件(引自 Schlumberger – NExT)

② 在平行压力梯度的面上,网格对立的两个面上的压力相等;

③ 在网格所有方向的对立的两个面上,流量相等。

假定无流动的和线性边界条件情况下,细网格与粗网格的流量守恒,那么就可以计算周期性边界条件下的能量损失,进而就可以推导有效渗透率了。

8.2.4　粗化方法的对比

确定使用哪种粗化方法需要进行试错,这主要取决于数据的情况,如果有试井数据,那么尽量与试井数据吻合。如果只有经验性数据,那采用简单的方法就可以了。

对于渗透率,算术平均得到的结果是计算的上限,调和平均得到的结果是计算的下限。几何平均处于二者之间。算术—调和平均是更细化的上限,调和—算术平均是更细化的下限。

使用没有流动边界条件的基于流动的粗化方法将给出有效渗透率的下限,而线性边界条件的基于流动的粗化方法将给出有效渗透率的上限。周期性边界条件得到的结果处于二者之间。线性边界条件和周期性边界条件计算结果给出了渗透率的整个范围。

统计平均方法比基于流动的粗化方法更省时,但后者的准确度更高。

8.2.5　局部、区域和全局网格的粗化

粗化方法还可以分为局部粗化、区域粗化和全局粗化(图 8.10)。局部粗化比区域粗化和全局粗化相对容易,但准确度不如后两者。

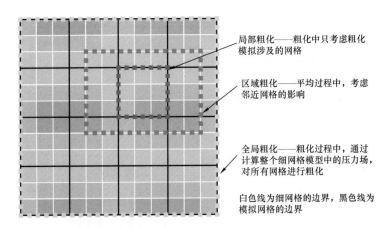

图 8.10 不同粗化区域的例子,包括局部的、区域的、全局的(引自 Schlumberger – NExT)

局部粗化方法:在粗化网格系统中逐个网格粗化。

每个粗化网格都看成是一个或多或少的孤立区域,粗化过程只考虑处于这个网格内部的精细网格。粗化结果取决于对流动模式的假设,这里假设粗化网格的边界条件与细网格的边界条件一致。

区域粗化方法:这与局部粗化方法相似,但粗化过程中,除了处于粗化网格内部的精细网格,周边的邻近网格也进行了考虑,主要是在粗化网格范围之外,增加了一套外围网格。区域粗化方法的目的是减小边界条件对粗化结果的影响。

全局粗化方法:所有流动网格同时粗化,实际是通过计算全区压力场,对粗化网格进行了历史拟合计算。该方法要求对地质网格进行动态模拟。

8.2.6 为粗化进行取样

采样是粗化的预处理过程,这一步很耗费时间,并且容易出错。对采样方法的选择严重影响粗化结果。降低采样误差是地质模型和数值模型都要面对的问题。

采样方法的选择严重影响粗化结果!

采样的问题主要包括在地质网格中选取代表性的数据。这里还包括正确估算粗化网格中包含的精细网格的体积,在粗化网格中进行正确的定义。

对于河流相储层,尤其需要注意采样问题。地质模型中的河道,在模拟模型中,宽度和长度可能就变得相近了。对于这类储层,地质模型与粗化模型要尽可能地具有一致性,在建模之初就应使用智能网格的方法。

采样的过程非常耗费时间。如果可能,对不同的属性,使用相同的采样过程同时进行粗化。

8.2.7 采样方法回顾

通常包括两种采样方法(图 8.11):

(1)重新采样;

(2)直接采样。

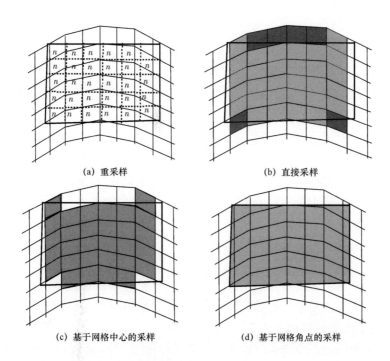

(a) 重采样　　　　　　　　　　　(b) 直接采样

(c) 基于网格中心的采样　　　　　(d) 基于网格角点的采样

图 8.11　重新采样和直接采样方法的对比,包括基于中心的采样和基于角点的采样
（引自 Emerson – Roxar）

重新采样是将模拟网格剖分为特定分辨率的精细网格。每个精细网格的属性值都对应于地质网格中,网格中心处于精细网格内的那个地质网格属性值。随着采样分辨率的增加,采样误差将减小。对于基于流动的粗化方法,推荐对模拟网格的细化应不少于 4 个。

直接将地质网格的属性赋值给模拟网格。大部分的软件中,又分为两种方法:

（1）基于网格中心的;

（2）基于网格角点的。

基于网格中心的方法是地质网格中心处于模拟网格之内的地质网格参与粗化。对于重复归一化和基于流动的粗化方法,涉及的是最小的地质网格范围。对于基于网格角点的粗化方法,只采用精细网格的一部分,即处于模拟网格内部的地质网格部分才被用来参与粗化。

基于网格角点的粗化方法由于涉及对地质网格的截断,因此比较耗费时间。同时该方法只适用部分统计平均方法。

重采样通常比直接采样速度快,当网格结构复杂,或是地质网格与模拟网格方向差异较大的时候,采样的误差也会变大。通常,推荐使用直接采样的方法,除非出现下列两种情况:

（1）粗化需要重新归一化,如果采样网格的尺寸不是 2 的指数时,直接采样会失败;

（2）地质网格与模拟网格完全一致,并具有比例关系。

如果地质网格的层与模拟网格的层可以明确指定,那么采样误差较小。这被称为层状采样。

如果小层能够明确指定,那么使用基于角点的直接采样方式是最理想的选择。

8.2.8 孔隙度模型粗化

孔隙度是体积属性,粗化的目标是使其能够表征地质网格中孔隙体积的分布。可以使用简单的体积加权的算术平均方法。

如果网格包含净毛比属性,要先计算有效孔隙度,再在粗化过程中进行偏重处理。

8.2.9 渗透率模型粗化

渗透率的粗化相对困难,因为渗透率不能直接相加。有很多针对渗透率的粗化方法,并且结果差异很大,很难确定哪种方式是最优方案。

当地质模型与数值模型的平面网格一致时,那么粗化只在垂向上进行。通常在河流相储层中属于这种情况。可分别使用算术平均和调和平均来粗化渗透率。

简单的平均方法比基于流动的粗化方法节约时间,大部分时候,这种简单的平均就够了,比如需要对模型进行排序的时候。对于每层只有一层网格的简单模型,也可使用这种简单的平均方法。

对于水平渗透率的粗化还可以使用算术—调和平均,对垂向渗透率的粗化还可以使用调和—算术平均。对于更加复杂的地质模型,比如需要将地质模型的结构转为流动模型的结构时,就需要使用基于流动的粗化方法了。

如果分别使用封闭边界条件和线性边界条件进行粗化,那么前者得到的是渗透率的下限,后者得到的是渗透率的上限。如果两个渗透率结果相近,那么这个结果就是模型的有效渗透率场,选用哪个结果都可以。如果二者的差异较大,那么就要确定影响油藏动态的关键因素是什么,再选择能够体现这些特征的边界条件。

封闭边界条件降低了砂岩的渗透率,使泥岩更厚、河道更窄、连续性更差。这种方法适用于有隔夹层影响的情况。如果存在水平的隔夹层,那么就不会发生垂向流动。使用线性边界条件,会使用流线法计算并保留所有的边界,并在边界上发生流动。

如果在水平井之上存在隔夹层,要评价水平井的产能,线性边界条件更适用于评价垂向渗透率。另一方面,如果可能存在气锥,那么发育影响垂向流动的夹层对开发前景有利好。

8.2.10 净毛比模型粗化

下列原因决定了为什么需要将净毛比作为一个单独的属性进行粗化。

在储量计算中,净毛比具有体积属性,在数值模拟中净毛比具有流动属性。粗化无法同时考虑这两个方面。

计算孔隙体积和传导率时,都需要净毛比作为一个系数。孔隙体积和传导率都不能通过直接平均得到结果。

粗化净毛比时,需将其与孔隙相乘后再平均,或是与水平渗透率相乘后再平均,如此又是将有效的孔隙度或是渗透率进行了平滑。

垂向渗透率不受净毛比的影响。垂向渗透率已经是网格的有效渗透率了,而不只是净砂岩的渗透率。如果需要粗化孔隙度,那么其不受净毛比的影响,可使用下列关系粗化净毛比和水平渗透率。

$$\overline{NTG} = \frac{\overline{\phi \cdot NTG}}{\overline{\phi}} \tag{8.1}$$

$$\overline{K_H} = \frac{\overline{K_H \cdot NTG}}{\overline{NTG}} \tag{8.2}$$

8.2.11　含水饱和度模型粗化

模拟模型中含水饱和度的作用是：

(1)复核储量；

(2)验证饱和度端点值,这个端点值来自相渗和压汞曲线；

(3)表征过渡带中的可动和不可动流体；

(4)在未开采前,得到一个稳定的模型。

常规经验认为,过渡带中的水不能流动。这与毛细管压力模型并不一致,毛细管压力理论认为,在一定的压力梯度下,水是可动的。含水过渡带受地质历史时期、流动界面的上下运动的影响,形成了排驱和渗吸的混合区,不能简单地用毛细管压力曲线解释。毛细管压力与尺度相关,需要从岩心尺度粗化到油藏尺度。

如果通过地质上定义的 J 函数能够得到模拟中合理的储量,那么就可将其作为一种实用的方法。J 函数或毛细管压力曲线可以很好地模拟非均质性对生产的影响,也能够更好地表征过渡带中的流动。

8.2.12　质量控制

对比结果时要注意,模拟模型中的粗化属性受净毛比和加权体积的影响。

(1)检查地质网格与模拟网格中孔渗、垂向渗透率与水平渗透率的比值等属性分布的最大值、最小值。

(2)比较地质网格与模拟网格对应区域、层的孔隙体积和流体体积。

8.2.12.1　井数据的控制

地质网格与模拟网格中的数据都要与原始的测井数据进行对比。所有的网格数据都是基于井上的数据得到的。

8.2.12.2　流线的使用

可用流线模拟检查粗化结果的可用性。也可以对比地质网格计算的流线与模拟网格计算的流线,观测地质网格的特征是否在粗化过程中得到了保留。流线模拟尤其适用于河流相储层,观察粗化中是否保留了河道的连通性。

流线模拟的结果只能用来对比,而不能够代替传统模型和预测。流线模拟器估算的时间与实际的时间不同,只能用来做相对性比较。

流线模拟速度快,但结果相对凌乱,并难以进行预测。为了便于分析结果,应选择简单、井数较少的井组进行模拟。

8.3　详细的工作流程

本节的目的是介绍如何将属性数据定义到模拟模型之中。这涉及流动属性的模拟和网格的边界条件,模拟网格属性包括：

(1)粗化的孔渗数据；

(2)如果模拟中用到净毛比的话,还需粗化的泥质含量数据;

(3)粗化的含水饱和度数据;

(4)断层的传导率乘数;

(5)表征垂向流动限制情况的传导率乘数;

(6)地层压缩性。

粗化是生成最终结果的关键步骤。粗化的方法取决于地质网格与模拟网格的关系,这个问题应在设计两种网格之初就给予考虑。

(1)选择粗化方法。

① 孔隙度属性,使用体积加权的算术平均方法。

② 渗透率属性,规则不易确定,方法需要基于流动特征。如果排序的话,简单地处理方式是选择统计平均方法。很多时候,推荐选择基于流动的粗化方法。

③ 含水饱和度属性,在属性建模部分介绍了两种方法。第一种是使用属性分析过程中建立的 J 函数,第二种是使用地质模型中的含水饱和度属性,通过体积加权的算术平均方法。

(2)选择采样方法。

① 常用的是直接采样,但相对耗费时间。如果具有对应的地质网格与模拟网格,那么可以应用对应层采样。否则,可以使用体积加权平均算法。

② 有效孔隙度属性粗化,需要像前面章节中提到的那样,对储量进行控制。

③ 如果使用饱和度端点数据,那么要定义含水饱和度数据表。

④ 如果使用含水饱和度属性,需要对比地质模型与动态模型,参考上一章内容。应用渗透率,计算模拟网格中的断层传导率乘数。

⑤ 如果模型中存在地震上无法识别的断层,需要对渗透率场进行更新,把那些未体现在模型中的断层考虑进来。

⑥ 定义每个层之间的传导率乘数。

8.4 小结

粗化是静态建模步骤中最后一个挑战,笔者认为,这些工作更应该由油藏工程师来完成。

第9章 实例研究

本章是笔者在了解了大量沉积环境类型之后提出的不同沉积环境的建模方法。这其中的一部分内容引自公开发表的文献,另一部分是笔者个人的工作经历。还有一部分不确定性建模方面的例子来自于软件销售材料中。笔者强烈推荐读者找一本 SEPM 期刊第 84 期出版的《相模式回顾》来帮助了解不同沉积环境的理想模式,并理解哪些特征是建模中需要模拟的。

9.1 风成环境

一个很好的关于风成环境低渗透气田的建模研究实例来自于 Hyde 气田,该气田位于北海南部的 48/6,47/10,47/5a 及 48/1 区块(Sweet 等,1996)。气田包括三口大位移水平井,开发储量 $133 \times 10^9 ft^3$。构造是造山运动和反转作用相关的弱背斜,油藏目前的深度约 2900m。由于较低的构造幅度和相对较薄的储层厚度(约 125m),认为气藏属过渡带气藏。油田储层由二叠纪河流和风成砂岩叠置组成。由于侏罗系的埋藏作用,伊利石胶结物的沉淀导致渗透率显著降低。

研究中,基于区域地层数据分析发现,Silver Pit 湖盆的扩张和收缩导致湖平面上升和下降,形成多期干、湿交互的地层,进而将气藏分为 3 个单元:A 单元,B 单元,C 单元。建模数据还保留了外围的 8 口井,还包括所有的岩心和测井信息,没有地震属性信息。每个单元单独模拟,之后合并到一起来预测全气田产量。

Hyde 气田的 Rotliegend 组厚度约 200m,上部 75m 为 Silver Pit 地层的非储层,不进行建模。余下的 125m 包括 5 种相类型:泥质萨布哈,砂质萨布哈,风成砂席,风成沙丘,以及河流砂岩。这些相中,风成沙丘是主要的储层单元。每种相的比例在每个单元之间具有明显差异,从而保证模型可以拆分开(图 9.1)。

A 单元在层序的底部主要由风成砂岩(90%)和河流砂岩(10%)组成。B 单元由混合相组成,包括萨布哈、砂席、风成沙丘砂岩,以及河流砂岩。上部 C 单元,由风成砂岩组成,但砂岩含量向上减少,主要受湖盆扩张和湖平面上升控制。进一步地,在气田的北部,砂质萨布哈相占绝对优势比例,所有的垂向和横向趋势都要在模型中体现(表 9.1)。对每种相的描述如下。

(1)泥质萨布哈:由极细粒砂岩中夹泥质夹层组成,表现为强烈的混杂结构。

(2)砂质萨布哈:由相似的混杂结构组成,但明显地砂多泥少,以及少于 10% 的黏土夹层。

(3)风成砂席:由薄的砾石流(<1m)和风成纹层组成,粒度分布表现为明显的双峰结构。

(4)风成沙丘:由厚 0.5~3m 的交错层理、细到中砂组成,表现为发育与新月形沙丘相关的风成沙丘舌体和砾石流。

(5)河流砂岩:由 1~8m 厚、分选较差、无层理构造的水流砂岩组成,存在相当比例的黏土和粉砂,从而降低了储层质量。

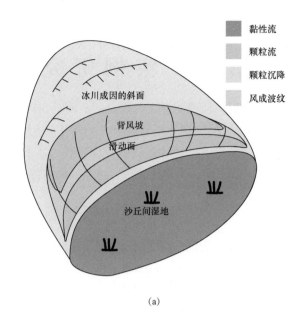

(a)

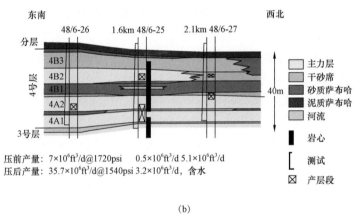

(b)

图 9.1 (a)风成沙丘环境的模式图,不同的沉积要素具有不同的储层属性,需要区别其岩石类型和属性分布(Mountney,2006)。(b)Hyde 气田的岩性地层剖面(Steele 等,1993)

表 9.1 从岩心和测井得到的不同油藏层段的相分布比例,这些构成了建模的目标

相/单元 (层)	泥质萨布哈 (%)	砂质萨布哈 (%)	风成砂席 (%)	风成沙丘 (%)	河流相 (%)
3 号层	0.5	34.5	43.3	21.7	0
2 号层	0	7.4	6.9	83.0	2.7
1 号层	0	0	0	91.6	8.4
总计	<0.5	14.0	17.7	65.4	3.7

9.1.1　模型的建立

在 1996 年,还没有商业建模软件,几乎都使用斯坦福大学开发的学术 GSLIB 工具箱中的 SIS 和 SGS 算法(Deutschand Journel,1992)。在这种情况下,英国石油公司修改了他们的惯常做法来适应实际需求。

每个区都使用大小为 8500m × 5500m × 125m,东西方向的正方形盒子进行模拟。网格步长 50m × 50m,厚度 0.5 ~ 1m。1 号层由 56 层组成,2 号层由 32 层组成,3 号层由 30 层组成。每个层的垂向网格数平面上都是一致的,使用笛卡儿网格进行建模。

建模分为两步,首先,应用 SIS 方法预测相的分布,遵照每个单元中的相比例以及井点数据,其次,应用 SGS 生成大尺度的相控制的属性模型。每个层中,每种相中的孔渗分布都通过周边井的岩心确定。考虑渗透率的空间分布,建立并粗化每种相的三维渗透率模型。所有渗透率的粗化都应用压力求解技术。

井数据变差函数分析生成了相和渗透率的空间分布。但是不充足的数据点妨碍了对变差函数的构建。为了理解相的横向展布,应用露头类比数据控制了每种相的长、宽,以及厚度(Crabaugh 和 Kocurek,1993)。

A 单元是风成沙丘相,向上河流相比例增加,井数据可明确反映出这种变化,不必另外指定垂向上的趋势。B 单元可基于内部全区分布的高位萨布哈沉积分为三个小层,上部和下部小层为风成沙丘。C 层使用 4 种要素的指示算法进行模拟,通过南北向的趋势控制。建模中使用了大量的细致的趋势来反映地质家提出的概念;还在一定程度上进行了手工处理。

孔隙度建模使用 TPM 方法,所有的相的净毛比都没为 1。分相进行了精细的渗透率模拟,包括范围较小的风成沙丘和层状特征的席状砂,渗透率的各向异性类比露头,设为 5:5:1。精细模型的网格大小为 50cm × 50cm × 10cm,全油藏模型的网格大小为 50m × 50m × 10m。使用 SGS 算法模拟水平渗透率的分布,使用赋值方法直接赋值垂向渗透率。在精细模型中,模拟了风成沙丘中的交错层理,层组倾角为 2°,层理倾角为 30°,底部渗透率较大。之后使用单相压力求解方法,求解精细模型的渗透率,再将其粗化到全油藏模型中。

最后一步,使用动态数据对模型进行检查,包括产能、物质平衡,以及气产量等。虽然,为了获得较好的历史拟合,使用了大量动态数据对模型进行调整,但精细的模型还是提高了油藏产量预测的能力。

9.1.2　模型的重建

地质建模技术发展了 20 年,现在该如何建立该油藏的模型呢? 属性建模是否能够满足需求? 没有实际的井数据,这里只假设下面的工作流程。

(1)使用矩形网格,模型范围与原模型相同,将模型细分为三个层,平面网格大小为 50m × 50m,依据实际情况,细分垂向厚度为 0.5m 和 1m。

(2)将 2 号层细分为三层网格,进而表征高位层序。

(3)基于井上的相比例(表 9.1),使用序贯指示方法,生成每个层或小层的相模型。对 3 号层使用 TGSim 表征泥质萨布哈向北增加的趋势。使用垂向比例和垂向变差函数,预测相的分布。

(4)尝试使用基于目标的模型,对丘形目标进行模拟,而不是仅限于 SIS 方法(图 9.2)。

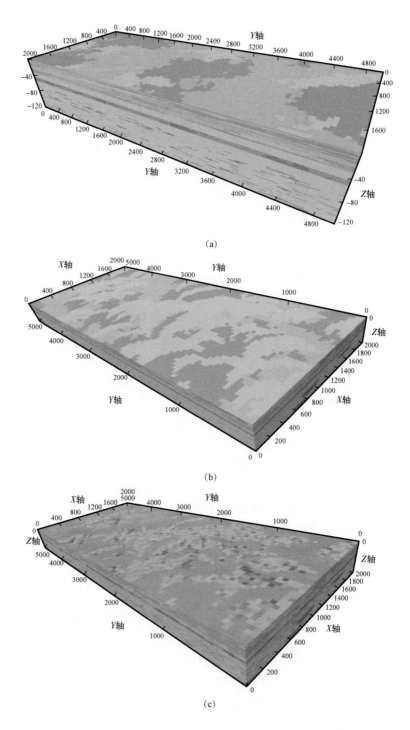

(a)

(b)

(c)

图9.2 (a)基于 Sweet 的描述,使用 SIS 进行相建模(Sweet 等,1996)。(b)在上部层位使用目标
模拟方法,在其他层位仍使用 SIS 模拟。(c)使用 SGS 进行孔隙度建模,这里沙丘的
形状被约束了,沙丘内部的垂向非均质性可使用简单函数模拟

（5）在现阶段，不建立精细的渗透率模型，而是基于可用的数据生成模拟网格模型。按照 Flora 法则，该气藏不同相渗透率只有 1～2 个数量级的差异。主要的需求是通过水平井生产干气，通过相模型得到小尺度的非均质性，可以获得与精细渗透率模型同样的结果。

（6）因为没有饱和度模型和顶面构造，从而无法估计储量。

9.2　冲积环境

冲积系统由河床和河岸，及其内部的沉积物组成。河道的形状受流量和频率的控制，这里包括沉积物的剥蚀、沉积和搬运。因此，冲积环境存在很多类型，包括辫状河、网状河、曲流河等，这取决于地势坡度、流域、沉积物体积等因素。河道系统周边的植物会影响每条河道及沉积物的保存潜力，进而形成土壤层。

顺直河（弯曲度小于 1.3）在自然界中很少见。河道一侧不规则的沉积和沉积物的侵蚀会导致在相对的另一侧形成堤坝。进而导致河流方向发生弯曲，从而形成弯曲河道（弯曲度在 1.3～1.5）。

曲流河（弯曲度大于 1.5）比顺直河曲度大，曲流河的波长是从河道的一个波峰到另一个波峰的长度。现代的曲流河发育很广，植被增加了曲流河河岸的稳定性，并保存了曲流河地层。

辫状河是在宽阔的范围内，多条低弯度活跃河道同时发育的河流。较浅的水道围绕在沉积坝体周围，形成辫状模式。辫状河道是动态的，水道在河床内摆动。沉积物的重量超过了水流的搬运能力，便发生了沉积。辫状河常发育在冰川和山脉的斜坡处，地层坡度大，沉积物粒度粗、变化大。

网状河与辫状河相似，水道结构复杂，有分支，有汇聚。但网状河与辫状河不同，网状河地形坡度缓，通常伴有植被发育的岛。河道窄、深，且相对稳定。

冲积系统常发育泛滥平原，决口扇，河流阶地；这三种环境都能够沉积洪水时期从河道中决口的沉积物（图 9.3a）。河道会随时间摆动，并被冲开形成牛轭湖或是废弃河道。

对冲积系统建模时，要区分高水位时期和低水位时期的河道沉积，前者颗粒粗，储层物性好。在洪水期，河流会冲出河道，在泛滥平原上沉积席状或片状细粒沉积物，这可能形成储层中的优势通道，虽然可能背景储层质量较差。

第一步是基于已有沉积数据绘制冲积相模式。泛滥平原相比例高时，可能是偏曲流河系统，粗粒和砾石等强水动力更多指示辫状河环境。如果对河流的形态了解得不多，一般常会模拟一套河床中发育多条单期河道，单期河道在河床中随机摆动，从而使用该模式指导岩石分类。

大部分软件都有模型河道目标体的工具，使用基于目标的模拟就能够模拟河道的连续性（图 9.3b）。为了成功模拟河道系统，需要了解河道的宽度和厚度，以及河道的波长和振幅，这些信息只有通过露头类比得到。在 20 世纪 80—90 年代，很多研究人员发表了大量关于测量河流尺寸和规模的文章，但这只能是一种指导。谷歌地图是一个了解地理信息很好的工具，"现在是打开未来的钥匙"。

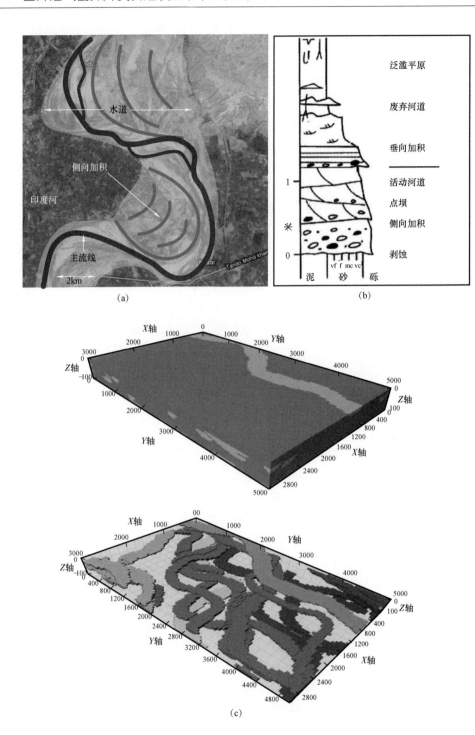

图9.3 (a)一张印度河照片,标出了高能、季节性河道系统。
(b)低弯度、低净毛比(砂岩比例25%)河道系统,并伴随发育溢岸沉积。
(c)将河道作为单独的目标提取出来,其中只有紫色的河道是连通的

在模拟泛滥平原上的河道时，有可能数据点都集中在了河道上，因为一般不会将井钻到非储层上。过去，开发地质学家常会遇到这样的问题。笔者的处理办法是使用 SIS 建立模拟泛滥平原，然后将其作为背景，再使用目标模拟建立河道，河道可能只限于河床中，也可能在整个模型内发育（图 5.10 和 5.11）。有很多方法可以指定河道的控制点，以及河道的宽度。如果地震数据质量较好，就可以抽提地质体，并用来约束模型。

如何知道模型是否代表了实际储层呢？首先，模型要"看起来正确"，然后，计算连通体积，观察河道是孤立的还是相互叠置为一体了，泛滥平原上的砂体是否在河道之间提供了通道，从而增加了储量？按照逾渗理论（King，1990），如果河道比例超过 25%，那么在三维条件下就会大概率连通，即便连通路径可能会比较曲折（图 9.3）。

9.3　三角洲环境

首先要了解油藏所处的三角洲属于哪一类，油藏所处的位置在哪儿。三角洲通常分为三类：河控、潮控和浪控，以及其他分类。事实上，三角洲很可能会经历一系列阶段，不同阶段属于不同的控制类型。三角洲是重要的沉积环境类型，包括密西西比三角洲、尼泊尔三角洲、尼罗河三角洲，以及巴拉姆三角洲，很多油藏都属于三角洲环境。

前文一个三角洲环境的研究例子是在北海北部地区的中侏罗统布伦特群开展的，其中还使用了河道目标模拟（Cannon 等，1992）。进积层序依次为上临滨的下部和障壁砂坝，随之过渡到潟湖和三角洲顶部环境。最后，三角洲被一系列的海泛事件淹没。该系统的第一个概念模型由 Budding 和 Inglin 发表于 1981 年（图 9.4a），主要基于南 Cormorant 油田，但某种程度上，已经涵盖了布伦特群沉积的大部分特征（图 9.4b）。由于层序之间较强的对比关系，最初的地层对比方案表现为千层饼形（Deegan 和 Scull，1977），但随着层序地层观点的发展，提出了不同的地层对比方案（图 4.2）。

布伦特层序被分为三套不同的沉积序列，每个沉积序列都要使用不同的算法进行模拟。定义不同层段的关键是全区一致性的对比方案。

Rannoch – Etive：为一套进积的临滨层序，由一系列由南向北的指状交互准层序构成，岩性为极细到中粒砂岩。局部发育潮道侵蚀和碳酸盐岩团块；这些特征对局部井区的流动具有重要影响，但在无试井数据时，难以评估和模拟。

Ness：为潟湖、三角洲平原、河流沉积混合体，进积在障壁砂坝之上。这期间，随着海平面的周期性升降，偶尔会被海水淹没。一次贯穿整个三角洲区域的主要海泛事件是 Mid – Ness 泥岩，泥岩上下河道砂体的类型和数量不同。

Tarbert：海侵砂岩，随着海平面的快速上升，淹没了三角洲，在早期形成的 Ness 地貌上形成了侵蚀和充填。

首先，绘制目标区的三角洲叠置关系，展示层序的要素。在 Brent 组，使用了如下技术路线。

（1）第一层，使用带趋势的 TGSim 模拟，该方法可体现带状海岸前积过程（图 9.5）。事实上，这里模拟的是浅海环境，后面再对内部细节进行模拟。优质储层是层序顶部的高能障壁砂

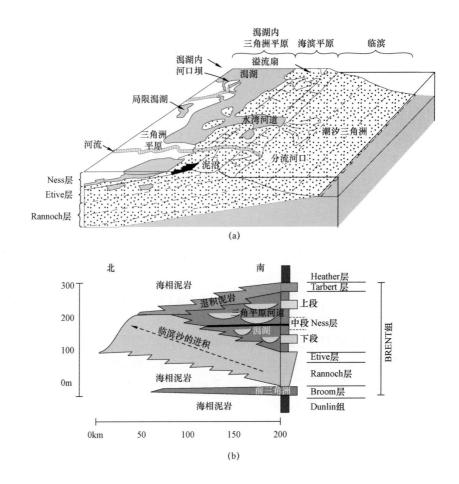

图9.4 (a)基于英国北海的 South Cormorant 油田提出的 Blent 油田的概念模型(Budding 和 Inglin,1981)。
(b)Brent 组区域地层剖面(Deegan 和 Scull,1977)

岩,局部发生剥蚀,或受到河流的切割改造。将致密胶结的结核作为目标体,在网格中等概率发育,这些结核形成了流动的障碍,并减小了储量。

(2)第二层,由潟湖、三角洲顶部环境,以及河道组成,其中潟湖和三角洲顶部使用 SIS 模拟,河道使用目标模拟(图9.5b)。潟湖沉积范围广,方向平行于障壁砂滩,主次变程差别很大。其他相包括煤层,这里使用单独一层网格表示,潟湖内三角洲和决口扇相,可使用楔状的目标模拟或是作为三角洲顶部的另一种相使用 SIS 进行模拟。

(3)第三层,由不连续的海侵期砂岩组成,上部为深海相泥岩。可以通过网格的设计表征,或是通过细分层来表征。通常只作为一种相进行模拟,如果有必要,使用岩石类型来区分储层质量。本例中(图9.5c)使用 SIS 方法,指定南北方向变差函数来表征海侵期沉积。

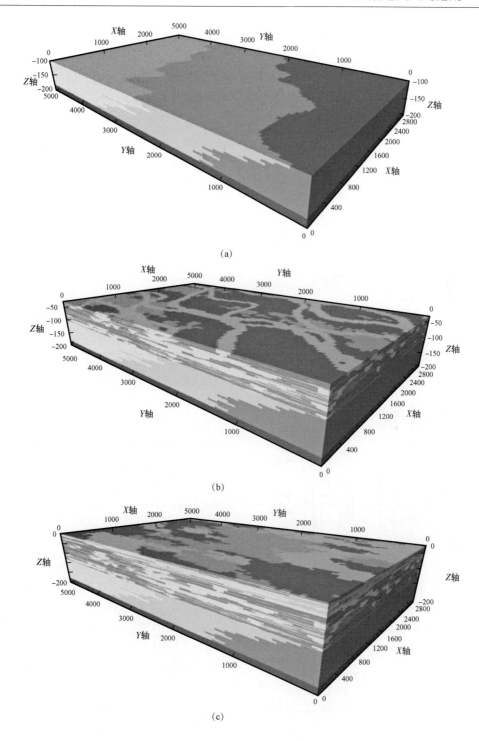

图 9.5　三张图片展示了如何分阶段建立 Brent 组这样的复杂的沉积系统。(a)使用 TFSim 模拟
Rannoch – Etive 层序的带状特征。蓝色的是底部的 Bromm 层。(b)使用指示模拟模拟泛滥平原沉积，
再以此为背景，使用目标方法模拟河道。(c)在 Tarbert 段使用 SIS 模拟，主变程方向为南北方向

9.4 浅海环境

浅海沉积发生在浪基面以下,通常形成粉砂质、极细砂岩、细砂岩的进积和退积,偶尔可见重矿物和粗粒沉积(图9.6a,图9.6b)。其他岩心包括碳酸盐岩团块,层状的钙质贝壳富集段。因为层序结构清晰,可以使用 TGSim 进行模拟,表征出向上变粗和变细的层序,层序边界常发育粗粒沉积层。

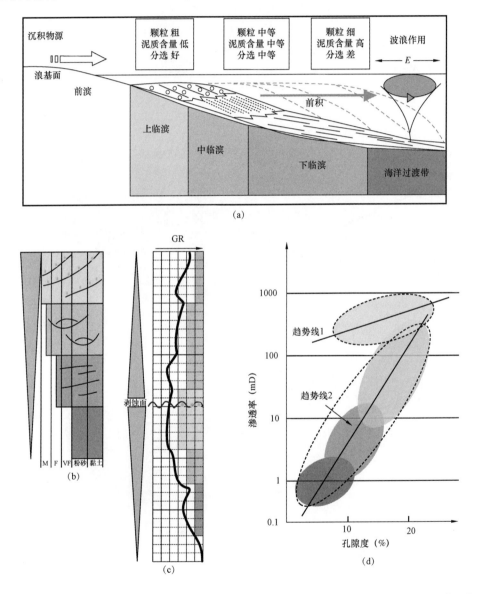

图9.6 (a)浅海沉积发生在浪基面以下,形成从上滨面向海相过渡带的进积序列,并指导粒度、分选、泥质含量方面的预测。(b)剖面上表现为向上变粗的序列,英国北海的 Fulmar 层整体表现为典型的"弓形"特征。(c)相带特征对应的孔渗关系。(d)高能的滨岸沉积形成了孤立的一组数据

北海的上侏罗统 Fulmar 地层表现为"弓形"层序,顶部为细粒、块状、海侵期的含海绿石砂岩(图 9.6c)。岩性为极细到细粒泥质砂岩,中间夹不同厚度的块状,泥质含量较少的砂岩段。每一段中的遗迹化石组合都指示了随海平面下降,水体能量的增加(Cannon 和 Gowland,1996)。

这一类浅海沉积地层中的泥质含量和储层质量也表现出较强的规律性,低能的向海过渡区泥质砂岩段的孔渗较低,相对高能的滨岸中段砂岩孔渗较高。如果上临滨砂岩被保存了,那么其常表现出比其他环境类型储层更好的孔渗关系(图 9.6d)。可以看出,较好的储层表现为独特的滨岸沉积体,可以通过目标模拟方法进行建模,将菱形的目标体插入到临滨背景之中。

模型的层数取决于目标层段包含的层序个数,每个层序都包含进积、加积和退积部分。Rannoch - Etive 层序表现为互层状沉积,可作为一个层,巴拉姆三角洲段发育多套准层序的序列,可划分出多个层段。

对于 Fulmar 层序,可按照下列技术路线建模。

首先,绘制概念模型。划分上下两个层,下部为进积层序,上部为退积层序。如果底部为层状海侵序列,那么多数是补丁状分布,可以依靠井数据进行模拟。

接下来,使用 TGSim 算法,这里需要确定趋势的方向,包括海岸线的方向、加积的角度、海底的坡度等,坡度通常为 3°~6°(图 9.7a)。此时变差函数的作用不大,可用沉积相边界确定不同岩相分布。

在退积层序中重复上一过程,从而表征沉积体的退积特征。

如果需要模拟孤立的优质岩性体,这里需要了解其尺寸、形状,以及方向(图 9.7b)。露头类比是获得上述信息的有效手段,如果有评价井的压力测试数据,那么也可以帮助确定储层的连通性,进而推断其尺寸。

再下一步是生产属性模型(图 9.7c)。如果有足够的岩心和测井数据,可以使用建立的孔渗关系。因为沉积物就反映了储层的连续性,这里可以在背景相使用一套属性分布函数,在较好的储层相使用另一套属性分布函数。

9.5 深水环境

有很多深水沉积类型,它们并非都是浊流沉积,同时,并非所有的浊流都是深水环境。常见的深水环境(图 9.8)表现为陆架上的一条水道,在深水环境中形成沉积物的通道,沉积物在海底形成沉积朵叶体,朵叶体也表现出分流水道特征。可用这个模式指导建模。一套沉积事件会形成经典的鲍玛序列,不同的沉积段具有不同的岩石属性(图 9.8b)。

Thrace 盆地的 Hamitabat 油田是一个深水沉积的例子(Conybeare 等,2004)。该油田在 20 世纪 50 年代生产,研究是为了将其作为储气库。因为油田较老,因此数据量有限,约有 30 口评价井和开发井,一口取心井,约 350m 岩心。使用这些数据,建立了油田的地层对比格架和简单的沉积相模式。模拟层序的关键是将平面等厚图转化为叠置模式。油藏的概念模型为在构造快速沉降的斜坡上,沉积的长轴浊流朵叶体。砂岩表现为线性物源,而非点状物源,点状物源常伴随水道规模下,砂体呈席状展布。最后,沉降结束,平行于海岸的前积型海相砂岩层序覆盖着浊流沉积之上。

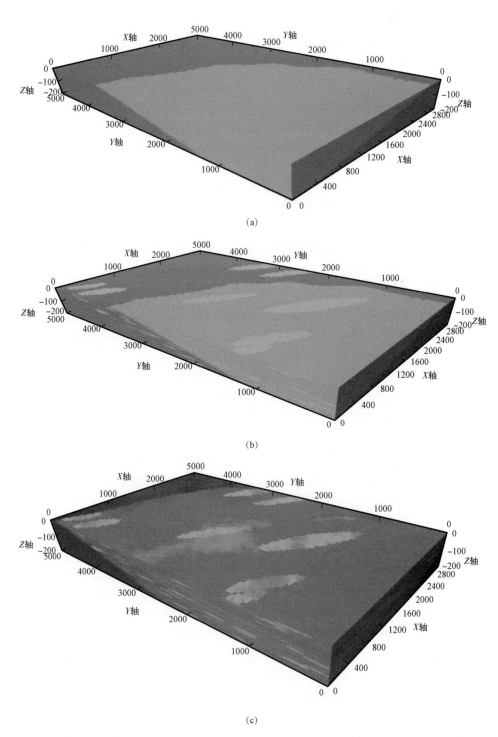

图 9.7　浅海模型的例子。(a)通过 TGSim 模拟带状的相带特征,表现为由细砂岩、极细砂岩、泥质砂岩组成的进积层序。(b)使用有明确方向性的目标,模拟高能、纯净的海岸砂体。(c)使用 SGS 模拟孔隙度的分布,对不同相带指定不同孔隙度范围(0.01~0.3)

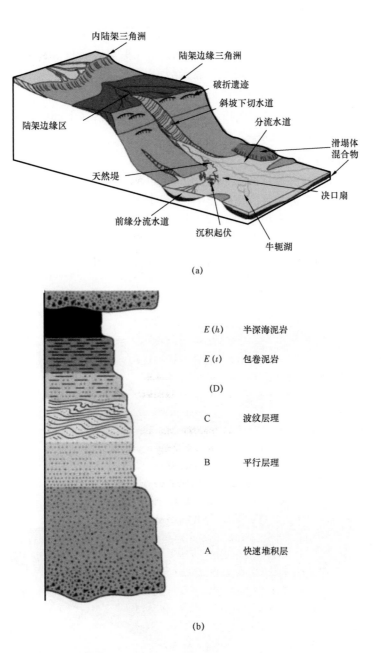

图9.8　（a）深水沉积概念模式，指出了从海岸线到深水盆地可能发育的不同环境。
（b）浊流沉积经典的鲍玛序列，垂向剖面控制了储层质量，但完整保留所有要素的情况较少

Hamitabat 油田的构造由有限的 2D 地震但精细的连井对比确定，对比表现出，地层下部为块状近源沉积，上部为远源细粒沉积，物源方向为北东—南西方向，沉积厚度 1 ~ 25m，平均 3m。两套地层 A 和 B，前者细分为 3 个小层。每个层都有一张受自旋回影响的沉积等厚图。砂岩沉积在可容空间最大的位置，后续沉积再搬运到较浅的位置。按此模式，直到浅海相砂岩

覆盖其上。等厚度图亦基于井数据得到。

共识别出三种岩相,纯净砂岩、低渗透砂岩、胶结砂岩、混合岩,以及泥岩。砂岩使用椭圆形目标体模拟,尺寸信息通过类比数据得到,平均厚度 3m,宽度 10~100m,长度 1000~10000m。通过井上数据,统计了垂向概率分布函数(PDF),砂体厚度体现了物源的远近关系。每种相都有各自的孔隙度和渗透率分布,相之间稍有重叠。

模型重建过程中,两个层的厚度图指示了沉积动力的改变,在上部层段使用了椭圆形目标模拟,在下部使用了变程极大的 SIS 模拟。

研究结束后得到如下结论:

(1)叠置模式的评价和沉积旋回的确定,是浊流沉积对比的有力工具;

(2)对比层面对垂向渗透率具有重要影响,建模中需要考虑;

(3)厚度对大尺度沉积具有控制作用,可用于指导相模型的建立。

海底扇通常富含砂岩,但岩石分类困难。非储层相可以作为次要目标在全模型范围内基于井数据模拟。如图 9.9b 所示,笔者使用了带有宽决口扇的河道目标,在泥岩背景上进行模拟,水道相与泥岩相的比例为 3∶1。

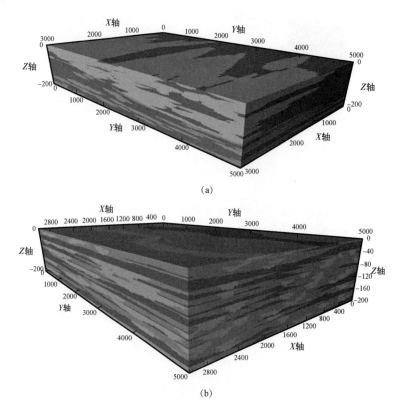

(a)

(b)

图 9.9 (a)深水沉积包括两个层段,上部层段使用椭圆形的目标体,长度为 1000~5000m,宽度为 100~1000m,砂岩比例为 50%;下部层段,砂岩的比例相同,但使用指示模拟方法,主变程比次变程大 10 倍。(b)这是富砂的河道浊积体现,溢岸沉积的宽度可达河道的 10 倍,背景的泥岩可能会形成垂向流动的屏障

9.6　碳酸盐岩油藏

大部分的碳酸盐岩油藏都发育在台地、缓坡、生物礁,或是其混合带中。原生沉积控制的储层质量常受到来自后期成岩作用的破坏,导致岩石类型的复杂化。因此,通常使用指示算法进行建模(参考第六章中碳酸盐岩表征部分)。另一个建模中需要考虑的因素是,碳酸盐岩的孔隙结构、裂缝、大规模的白云石化导致的岩石骨架的崩塌。模拟碳酸盐岩储层相时,常用粉红—蓝调色板。

构造、气候,以及海平面的升降是碳酸盐岩沉积的主要控制因素,而前两个因素又控制了第三个因素。

(1)构造控制了硅质碎屑岩物质的多少,这对碳酸盐岩沉积具有重大影响。陆源沉积物会冲淡碳酸盐岩沉积物,从而严重影响碳酸盐岩的产率,导致在碳酸盐岩陆架、缓坡,以及台地上形成一层特殊的沉积段。

(2)气候控制了海平面的变化,并且本身也是控制碳酸盐岩沉积的主要因素。天气情况决定了水体的循环、温度、盐度,以及营养的供给。高速的有机物产量发生在约30°以下的低纬度,以及赤道附近地区。珊瑚和大型藻类只存在于热带地区,但软体动物、钙质红藻还会在极圈附近(纬度约70°)大量沉积。最高的有机质产量发生过在15m以浅的水体中,并有充足的光照条件。

(3)海平面的变化与气候和构造运动相关。虽然大部分的厚层碳酸盐岩层序都沉积在高位海平面时期,但在碳酸盐岩储层中,还是能够识别出不同类型的旋回。

沉积相序列之间的变化是由于沉积环境内部、自身沉积过程的变化,以及海平面升降等外部变化造成的。沉积过程会导致碳酸盐岩相横向和纵向的变化,从而导致各个方面上非均质性的变化。

每种沉积环境中的沉积过程包括以下特征。

潮坪进积:形成向上变浅的层序,表现为前期潮下带沉积物在潮坪上的再沉积,以及风暴期形成的砂脊。

生物礁进积:生物礁向海方向生长,覆盖在前期斜坡沉积之上,垂向上会发生造礁生物的变化序列。

碳酸盐岩砂体迁移:在高能位置会发生碳酸盐岩砂体的迁移,主要是缓坡和台地边缘的滩体位置。

远岸风暴沉积:碳酸盐岩的临滨沉积。

塌积、滑塌、浊流、碎屑流:不同类型的前期沉积物再沉积,通常发育在台地边缘和斜坡位置。

宽阔的碳酸盐岩台地平面范围很大,但岩性变化很快。在中东地区,有大量的井点数据可以建立稳健的地质统计关系,但一定不能将问题过于复杂化。笔者曾经历过一个项目,划分了87种岩石类型,要求为了便于操作,将其简化为5种储层相和3种非储层相。因为具有明显的成层性,将非储层段简化,重点关注含油段的非均质性(图9.10b)。正是精细划分得到87种岩石类型,使得可以建立复杂的相和属性模型。

碳酸盐岩缓坡通常向海缓慢变化,进而相也缓慢变化,可通过水深的变化进行预测(图

9.10)。这种特征可使用 TGSim 模拟,从而表征相带的变化。精细的沉积研究旨在描述局部生物层,这就需要对水深和沉积能量进行研究。同时,成岩作用会改变初期沉积作用控制的储层质量,如果能够识别出生物礁,还要对其单独模拟。

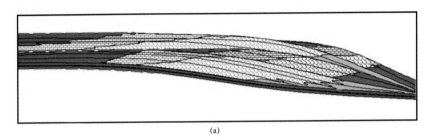

(a)

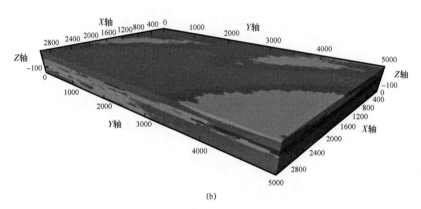

(b)

图 9.10 (a)碳酸盐岩缓坡的概念模型,应用层序地层概念建立一系列前积层序,中间夹海侵过程形成的非碳酸盐岩沉积。(b)模型由三套层序组成,包括储层段石灰岩(蓝色和绿色),以及非储层相石灰岩(紫色和灰色)。储层段使用 SIS 模拟,未添加趋势,从而反映不同类型的随机展布(下部)和加积特征(上部)。储层段的三种不同的颜色代表岩石类型的好中差,将用于后续指导孔隙度的模拟

大型生物礁发育在台地边缘或是孤立塔礁位置,可通过地震数据进行识别。有时可以识别出所有经典要素,包括礁前、礁后、礁核,这些环境也可以使用 TGSim 模拟,但需要给出必要的趋势,从而建立岩性环带。台地边缘的发育常受构造控制,是热带海域中的主要沉积类型,但白云石化和溶蚀孔洞发育会破坏岩石的骨架结构。一些沿着苏伊士湾的油田都经历了这样的成因作用,导致油藏工程师难以进行历史拟合。岩石分类是处理这类碳酸盐岩储层的有效手段,如 Lucia 的表征方式(图 9.11a)。在相模型的基础上,可结合井上数据统计的垂向比例,对岩石类型进行模拟(图 9.11b)。

9.7 裂缝油藏

裂缝主要发育在碳酸盐岩储层中,通常形成主要的储集空间和流动要素,因为基质的孔隙度和渗透率通常很小,下面的概括也适用于碎屑岩和基底油藏。通常认为裂缝油藏具有极高的非均质性和非常规性,以及较大的不确定性。如果油藏工程师需要离散裂缝模型(DFN),那么说明他是了解油藏的工作机理的,油藏工程师也可以通过渗透率乘数来达到相同的作用。

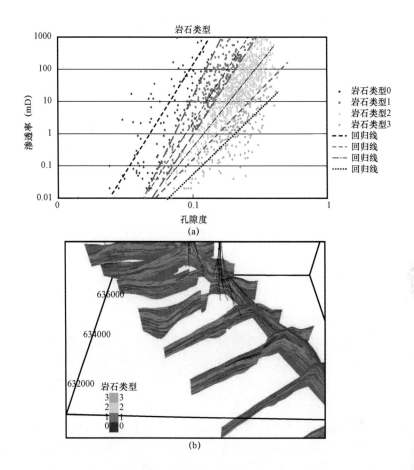

图 9.11   (a) Lucia 基于孔渗关系对非溶洞型白云岩岩石分类的例子。(b) 岩石分类与
相类型的对应关系,相类型包括从低能的潮间带到高能开放滨岸中的各个环境

大部分的裂缝油藏具有较高的初始产量,但通常递减很快,有些井开井后很快就停产了,初始产量就是其高峰产量。储层厚度通常很大,可达数百米,且确切的含油高度很难确定,常见明确的流体垂向分异也很常见。地质上认识程度低,以及工程上的处理手段有限等问题经常导致经济上的失败。没有钻遇裂缝或甜点,以及在裂缝发育段的完井能力不足,都是开发上常遇到的问题,从而导致较差的连通性和快速的递减。由于对裂缝的延伸范围不了解,导致过早见水,降低波及体积,也是一个常见的问题。

有很多的裂缝的分类方案,但下面的分类方案适用于地质建模(McNaughton 和 Garb,1975;Nelson,1992)。

(1)A 类:常规的孔渗关系,如果被胶结了,那么裂缝阻碍流动。

(2)B 类:一定的基质孔隙度,裂缝对流动起辅助作用。

(3)C 类:非常规,裂缝孔隙度和渗透率控制了存储和产能。

就像油藏研究一样,正确的结果来自对数据充分的收集,了解背后的地质情况,并对数据进行集成。理解裂缝性油藏的一个基础是了解现今应力场和岩石所经历的应变。前者影响模型的网格方向,后者影响地层的垂向分层。一般用三维正交坐标系统表征油藏的挤压应力,这

里 $\sigma_1 > \sigma_2 > \sigma_3$，在应力方向上没有剪切作用。另一个相似的术语是描述拉张应力，$\varepsilon_1 > \varepsilon_2 > \varepsilon_3$。地质构造的类型受构造作用影响，取决于三轴应力的关系，正断层中，垂向应力为主应力，逆断层中，水平应力是主应力。

对裂缝的模拟需要描述大量的属性，首先是方向、开度、长度，以及间距。大部分的信息可以通过成像测井得到，但长度只能通过露头来估计，或是本区的试井数据估计。测井数据也可提供裂缝开启与否的信息。一些经验法则可用来估计裂缝的长度，破碎单元越厚，则裂缝间距越小，裂缝长度越长（Aarseth 等，1997）。裂缝通常呈带状分布，如方差这样的地震属性可用于确定潜在的甜点位置。

地层中裂缝的控制作用是什么？简单地说包括构造史、地层和岩石力学属性。裂缝是限于层内，或是对垂向连通性具有影响？褶皱也会导致地层发育裂缝，包括张裂缝和剪切裂缝（Cooke – Yarborough，1994）。曲率分析可以直观地看到断层或裂缝的易发位置。曲率是地层层面切向方向随距离的变化，裂缝方向常平行于最小曲率方向，张开方向平行于最大曲率方向。

许多油藏工程师意识到，地应力对油藏模拟具有重要影响，有很多建模软件可表征地应力对流动的影响，这一点不在本书讨论范围内。

日本北海道的 Yufutsu 油田的基底油藏使用了一种简单模拟裂缝的方法（Anraku 等，2000）。其为花岗岩储层，凝析气藏，无基质孔隙。裂缝分为 4 类：巨型裂缝，大裂缝，小裂缝，微裂缝。巨型裂缝控制了流动，小裂缝提供了储集空间。气在裂缝中运移。建模是为了分析异常的生产特征。

建模分为三个阶段，首先是小尺度的原型模型，采用随机裂缝目标体建模，模型包含200000 网格，使用单孔介质模拟，从而易于确定有效渗透率。之后，使用双孔介质，对单井和全油藏模型进行粗化。该模型后来被用于井位设计和产量预测。

通过成像测井确定裂缝类型，微裂缝不包含在建模之中，该类裂缝已被石英胶结。通过井数据和类比数据确定裂缝长度，因此研究重点是确定裂缝的密度和方向。直方图显示，大部分地区为低裂缝密度区，局部为高裂缝密度区，使用这个关系对裂缝组进行定义和随机模拟。裂缝的主要倾向是北东—南西，大部分的大裂缝和小裂缝倾向为北东或南西，巨型裂缝倾向为北东向。由于井轨迹的倾向和方位与裂缝的倾向和方位相近，相当一部分裂缝没有被钻遇到，从而出现了一定的偏差，这在后面建模中进行了校正。

通过成像测井统计了裂缝的平均厚度、长度、宽度，并用于指导建模中随机目标的尺度特征。裂缝的开度设置为 2 个网格（5cm），从而保证所有裂缝网格都彼此连通。

通过裂缝密度直方图定义了裂缝组，$F_1 \sim F_4$，各组裂缝内的裂缝具有相似的属性（图9.12）。每口井都生成了裂缝相曲线，曲线采样率1m，后粗化到网格中，网格厚度5m。每组裂缝建立一个模型，模型的网格步长为 10m × 10m × 10m（图 9.12b）。裂缝体的数量取决于指定裂缝的密度和裂缝的体积比例。使用井点钻遇裂缝的情况约束裂缝目标的分布，不同裂缝之间具有逐级切割的关系，巨型裂缝切割大裂缝，大裂缝切割小裂缝。使用每组裂缝体积与基质体积的比，近似作为每组模型的孔隙度。最后，再将 4 个模型合到一起，形成一套裂缝油藏模型，再进行模拟。

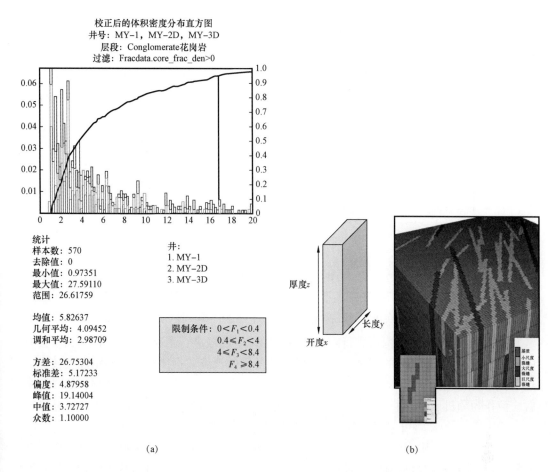

图 9.12　（a）一个基底花岗岩油藏中,通过岩心和成像数据统计的裂缝密度。这将用于表征裂缝类型和后续建模。（b）每种裂缝类型的几何形状,以及如何在原型模型中作为垂直的目标体进行模拟

9.8　不确定性评价

　　储量评估中,最大的不确定性来自顶面构造(主要受深度转换的影响),油水界面位置,以及净毛比也会影响储量评估。孔隙度和含水饱和度的影响可能只有几个百分点。大部分的软件都可以计算多个实现,并给出等概率结果的储量分布范围。自动进行不确定分析可能是未来油藏建模的方向,但还需加强地下相关学科之间的交互程度。

　　在建立项目框架的时候,需要考虑从深度转换到储层连通性,再到孔隙度的不确定性范围等一系列问题。对不确定性的评价,可以是对每种不确定性建立确定性的高、中、低矩阵,也可以通过测试多个随机模型或是多个不同参数。对于很多公司,解释确定性矩阵的方法比解释包含多个复杂过程的随机方法容易得多。下面将分别讨论构造、净毛比,以及岩石物理方面的不确定性。

9.8.1　构造模型的不确定性

　　首先,举一个例子,初期油藏高部位的一口探井,发现顶面构造比井点分层浅 15m,因此提

出对时深关系进行修订。现在补充了一部分井点数据,包括炮检距和测井曲线数据,这些数据都会使对构造的计算更准确。有很多建立时深关系的方法,应该采用哪个呢?是直接将层面数据校正到井点处,还是尝试不同的深度转换方法,再评价不同方法得到的层面与井点的关系?如果使用后者,那么将会得到至少5个储量结果。这就需要研究团队和资产管理方进行选择,是建立所有的模型,还是建立 2～3 个代表性的模型,这可能需要考虑项目的目标是什么,是进行储量计算,还是部署下一口评价井(图 9.13)。

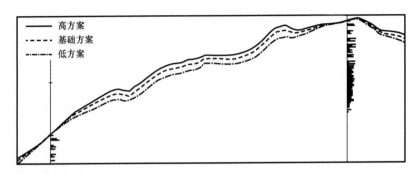

图 9.13　基于深度转换建立的构造模型可能存在的 3 种不确定性(引自 Emerson – Roxar)

其次,需要对油藏顶面构造进行随机计算。如果对油藏进行了充分的评价,那么将会有更多的可用数据,可能会有新的三维地震,或是重新处理的地震数据体来最终确定深度转换。但在这个例子中,只有一个顶面构造,那么这个构造与井点的差异就可能是全区存在的。这个差异就应该作为随机函数,用于计算不同的储量实现。过往的经验认为,约 30 个实现可以把握储量不确定性的 90% 。可以将这种方法做成循环,并计算尽可能多的实现。

新的考虑构造不确定性的方法称为模型驱动的解释(Leahy 和 Skorstad,2013)。在新的解释流程中,构造解释的层面和断层在解释之后便输入模型之中,从而可以基于解释结果对模型的不确定性进行评价,包括生成层面的标准差图,以及断层的包络范围等。之后,可以根据解释人员的要求,生成参考构造模型,而不是只专注于一个层面或一个断层。在新的工作流程中,通过包络面来表征不确定性,包络面的范围根据解释人员对不确定性程度的估计情况确定。

解释方法包括一个最可能的结果,及其相关的不确定性(图 9.14a);在井点处的不确定性最小,远离井点处的不确定性增加。常规的工作流程中,不确定性只是垂向上按照一个常数移动,新的工作流程中,不确定性与数据相关(9.14b)。按照模型驱动的解释流程,可以得到标准差的平面分布图,如此可以在建模之前就得到构造模型的不确定性,并通过残余量的统计,建立多个实现。

使用层面和断层的包络面,可以生成标准差平面图,并基于此生成多个层面结构。从而可以计算 3D 模型中 P_{90},P_{50},P_{10} 对应的总模型体积(图 9.14c),并明确层面、速度模型、油水界面,哪一个因素会对结果造成影响。

9.8.2　相模型的不确定性

相模型的不确定性通常影响的是有效储层的比例,这是由于缺少井数据和对砂体方向的了解不足。比如当评价井都钻到构造轴部时,对砂体的平面展布范围就存在不确定。辫状河系统的概念模型是一系列高能河道体系的叠置,粗砂岩是高质量的储层相,粗砂岩之间由非储

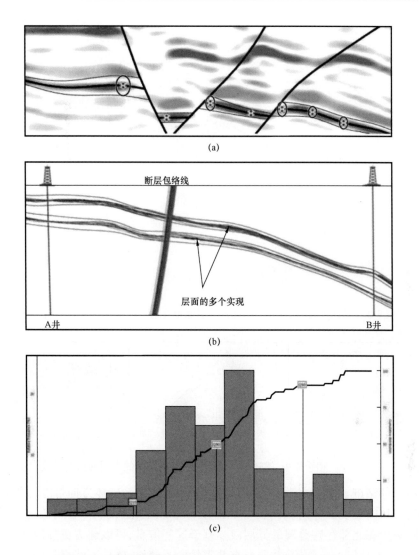

图 9.14　模型驱动的工作流成果(Leahy 和 Skorstad,2013)。
(a)由于地震较差的分辨率,在层位拾取时的不确定性。
(b)针对层面和断层的不确定性,计算多个实现。
(c)基于该工作流得到的储量结果的分布直方图

层泥岩分隔,但如果井都排成了一线,且没有地震数据的辅助,就不会了解河道的方向。此时既不知道单条河道的横向展布,也不知道河道的方向,后续需要分布对其进行处理,并希望尽快增加钻井数据。

　　首先要确定的是河道方向,可以乐观估计河道方向与构造轴部平行,悲观估计河道与构造轴部方向垂直。可以设定这种方案,即河道与构造轴部方向成一定角度(图 9.15)。河道方向对储量有影响,同时也会影响井的连通性。将这些情况作为模型的不同实现,同时,还可以将河道宽度作为变量进行模拟,考察其对净储层体积,以及对储量的影响。对于河道,不同的描述形态参数可以选择不同分布函数,如正态分布、三角分布、均匀分布,抑或是固定值(图 9.16)。

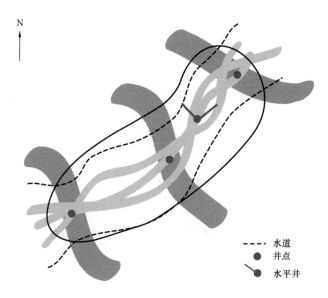

图9.15　河道形状和方向的不确定性对储量评估和储层连通具有重要影响

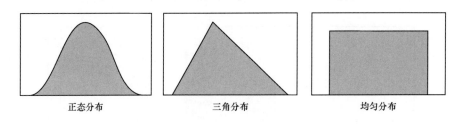

图9.16　相建模中,描述随机目标的形状和方向的不同的密度函数

最后,沿轴部钻进了一口水平井,钻遇砂体厚度1km,指示砂体方向可能为北东方向,向侧向钻进了另一口井,发现砂体向侧向发育范围在1km以上,这说明本区存在平面广泛展布的席状河床体,至少在北部存在叠置的储层段。基于这些信息,可以建立更加准确的模型。

在一个砂体大片发育的油田,并非所有井都钻穿了储层,软件不能自动增加模型中深层砂体的含量。这就需要人为地将井加深,并增加砂体的数量。这称为"已知的未知",或模式驱动的建模方法。

9.8.3　岩石物理模型的不确定性

笔者曾经问一位岩石物理学家,含水饱和度的不确定性是多少? 回答是15%,笔者的反应是笔者将使用的饱和度高度模型还有较大的余地,而不是必须与计算的含水饱和度精确吻合,确定不确定性并不容易。这个例子是一个碳酸盐岩储层,笔者需要说服油藏工程师,饱和度高度模型方法能够给出更稳健的答案,尤其是阿尔奇公式中使用了单一的a,m,n值,而不同的岩石类型的m值实际上是变化的。了解这一点,可以帮助建模师理解建模所用的数据是如何得到的。

在$50m \times 50m \times 1m$的网格中,孔隙度如何变化? 在厚度50m的均质层序中,可能变化很小,但在非均质层序中,变化可能很大。如果在三个方向上都有足够的空间数据,就可以通过变差函数模拟属性的分布,但很少有这样的数据基础,常需要通过经验和类比知识。笔者相信,通过建立相模型,是可以有效地管理岩石物理属性不确定性的。

多年以前,对一个浅海层序(Ahmed Shariff)开展过不确定性研究,工作中包括改变沉积和岩石物理属性,使用流线对模拟结果进行排序(图9.17)。沉积属性的变化包括相带的进积角度,相带的宽度和方向,潜在贼层的宽度等。岩石物理属性的变化包括平均贼层的水平渗透率和长度。模拟沉积属性时,岩石物理属性是固定的,完成沉积属性模拟之后再改变岩石物理属性。最后,包括基础实现,共建立了104个实现(表9.2)。

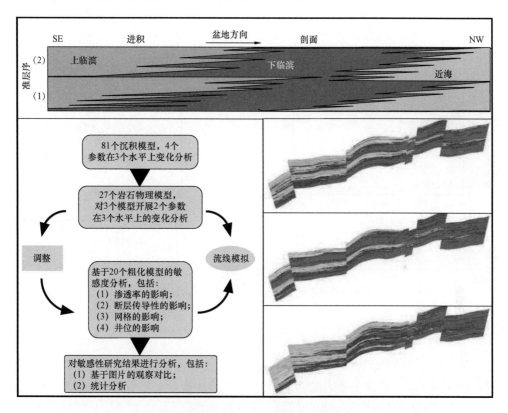

图9.17　一个发育三种相带的浅海沉积体系建模的例子,保留概念模型、
不确定性分析流程,以及渗透率分布(引自 Emerson – Roxar)

表9.2　浅海沉积体系不确定性分析输入的变量及不确定性范围

变量	低方案(%)	中方案	高方案(%)
进积角(θ)	−50	3	+50
相带的可对比宽度(m)	−25	2000	+25
贼层方向(θ)	−10	150	+10
贼层宽度(m)	−30	350	+30
贼层渗透率(mD)	−15	7	+15
水平渗透率的可对比宽度(m)	−50	200	+50

将流线模拟的结果绘制成开发时间与驱替体积的曲线,并统计驱替体积的变化范围,同时绘制了累计概率分布曲线(图9.18)。

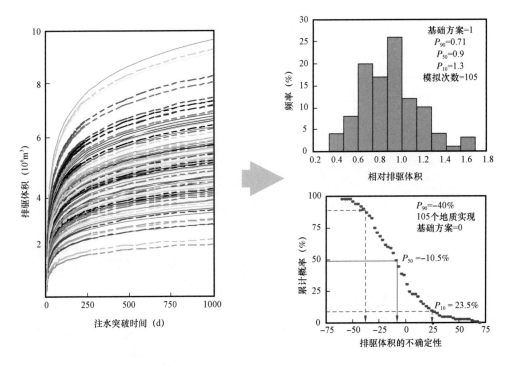

图9.18 不确定性分析中每种实现的时间与产量的关系,
以及频率和累计概率曲线(引自 Emerson – Roxar)

9.9 小结

每个例子后面一连串的思路都是关于对流动影响最大的元素,其中包括属性、变量、方案,以及对应的应用尺度。在碳酸盐岩的例子中,孔隙尺度的变量是需要把握的问题;在浅海环境的例子中,相的层次结构是需要把握的问题。在操作软件之前,将你要建立的模型先画出来,软件只是工具,选择正确的工具,还要对结果进行检查。

后　记

　　读完这本书后,体会如何? 有如此多的因素需要考虑! 2015 年,在阿伯丁召开了两天的会议,讨论地质建模的局限性,以及如何应对,会议由地质协会石油组举办。会议包括 4 个分会场 18 篇文章,以及 4 个主旨讨论,从油藏建模理论和实践角度提出了很多指导性的建议,以及若干个质疑。有趣的是,没有软件公司提交了文章,这通常表示软件的基础理论和应用没有进展。笔者觉得总结一下目前油藏建模的现状可以为未来指明方向。通过阅读摘要,可以发现建模过程中的挑战是没变的,20 年前的挑战今天依旧存在,处理办法也是一样的。

　　4 个分会场包括多尺度建模、工作流程、地质统计,以及动态响应。笔者这里也从这 4 个方面介绍。这里有几个术语需要介绍一下,包括基于草图的交互建模(SBIM),快速油藏建模(RRM),决定驱动的建模(DDM),大循环流程(Big Loop)。

　　SBIM 综合了计算机成图、人机交互、人工智能,以及机器学习。最近在硬件方面的进展,会同更加精确的机器学习技术,更加稳健的深度推算技术,在人机交互方面得到了迅猛发展。

　　RRM 是一项研究项目,其试图克服在评价阶段、开发阶段、生产阶段分别建立并细化复杂模型的挑战(图 AW.1)。因缺乏直观的建模、数模,以及可视化的工具来支撑地球物理、地质,以及油藏工程师的解释结论,进一步地增加了挑战的难度。其中一项主要的限制就是缺乏软件能够快速、简单、直观地生成概念模型,使其满足关键的油藏属性和动态特征。

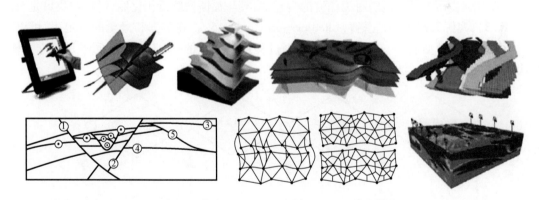

图 AW.1　快速的油藏建模软件是被相关高校、投资商关注的一个方向,软件通过创新性的迭代工具、
可视化方法,以及数值分析技术来快速建立复杂的原型模型。这并不是要取代目前的工作流程,
而是实现对地质概念及其影响程度的快速测试

　　DDM 最早在 1996 年就在文章中提出来了(Gawith 和 Gutteridge,1996),标题称其为“下一件大事”。文章发表在 SPE 油藏模拟论坛上,是“地球建模”方法的后续,由一位特殊作者推荐,与自上而下的油藏建模(TDRM)一起被推荐上来,TDRM 是另一个被不同公司尝试的策略,用于理顺地质建模的一体化流程。

　　“大循环”是一种保证地质与油藏一致性的一体化流程(Webb 等,2008)。这个工作流依赖于特定的软件才能完成自动历史拟合过程。今天,一体化的核心是对工作流的管理,可以对建模流程进行控制,包括从深度转换到辅助历史拟合(图 AW.2)。工作流中可以进行敏感性扫描,从而改变参数和结果,再返回给整个工作流(Saka 等,2015)。

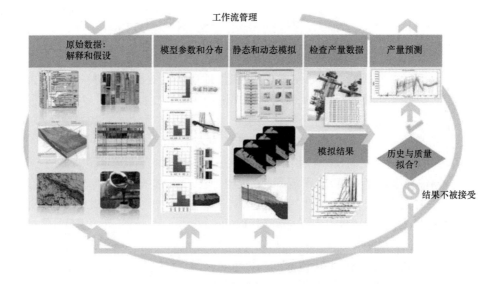

图 AW.2 "大循环"工作流可以集成静态和动态数据,对不确定性进行定量分布,
并提高历史拟合效果。这个工作流可以快速集成新数据,分析不同地质方案和
属性参数,从而对不同的实现进行扫描,并筛选出最佳的历史拟合结果

　　一家咨询公司提出了他们对工作流的观点,将其与福斯铁路桥相比照,讨论和决策是节点(图 AW.3),实际开展工作是悬臂(Chellingsworth 等,2015)。在数据和概念的限定下,可以对地质模型或动态模型进行一定的修改。这个过程还是线性的,团队应共同而不是孤立工作。当团队真正一体化时,就能够进行快速的迭代了。

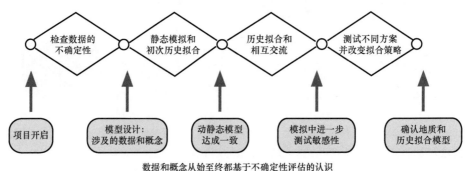

图 AW.3 基于第四铁路桥(Forth Railway Bridge)提出的节点和悬臂的概念,可为建模工作提供启示

　　其中还有一篇有意思的文章是关于基于界面的建模方法,对地质非均质性和非结构空间、时间进行自适应的表征。方法中提到,地质上的非均质性可以通过离散体来表征,这些离散体是由界面限定的,包括构造、地层、沉积,以及成岩方面的非均质性。在离散体内(也称为地质域),岩石物理属性是常数。基于界面的模拟方法,从理论上,简单地说就是使用界面表征断

层、地层、相之间的边界,相边界内的相类型;相类型内的岩石类型和岩性类型;成岩改造区的边界;以及裂缝界面。裂缝按照彼此之间关系的级别排序,指定哪些是削截面,哪些是被削截面,哪些是一致性面,以及使用确定性方法还是随机方法生成的面,这与常规建模方法都类似,只是没有内部的网格。最终的模型使用非结构网格离散,相对于常规网格,可以使用更少的网格,明确表征多种尺度的非均质性(图 AW.4)。

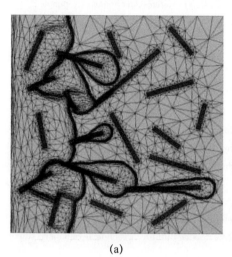 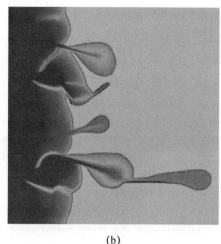

(a)　　　　　　　　　　(b)

图 AW.4　使用非结构网格的 3D 两相非混相流动模拟的 2D 切片。(a)动态适应网格细分来描述低渗透背景中的高渗透特征(紫色表示裂缝)和水驱前缘的位置。(b)从左侧注水,观察含水饱和度的变化。当水驱前缘突破模型以后,AMR 可描述其复杂的几何形态(Jackson 等,2015)

　　另一个文章讨论了建模的因素,包括系统(流程)、技术(软件),以及人员(团队)(Agar 等,2015)。建模是为了了解油藏更多的不确定性,而不是单纯为了方便。草绘概念模型是建模设计阶段的关键,快速讨论已知情况和未知情况。建模中的另一个因素是油藏系统,而不是储层这一门学科,研究人员不会知道所有答案,因此应使用整体的方法观察所有的数据和结果,从而确定油藏内流体流动的控制因素。再一个因素是关于软件工具,小厂商或学术机构的软件产品很难被油公司采用,因为软件没有商业化,且在某种程度上设计得太随意了。油气工业对新产品非常保守,即便那些客户发现现有的产品并不准确,但他们知道已有产品不准确的程度,但并不知道新产品不准确的程度。

　　最后一个因素,也是笔者最关心的,是如何培养下一代油藏分析人员,尤其是打破学科的限制,笔者希望这本书能够推动人员向这个目标前进一步。

参 考 文 献

Aarseth, E. S. , Bourgine, B. and Castano, C. (eds) (1997) Interim Guide to Fracture Interpretation and Flow Modelling in Fractured Reservoirs, European Commission, EUR 17116 EN, pp. 161 – 188.

Agar, S. M. , Sousa, M. C. , Geiger, S. and Hampson, G. (2015) Systems, technologies, people, in Recognising the Limits of Reservoir Modelling – and How to Overcome Them(Abstracts Volume), Petroleum Group, Geological Society of London.

Amaefule, J. O. , Altunbay, M. , Tiab, D. , Kersey, D. G. and Keelan, D. K. (1993) Enhanced Reservoir Description: Using Core and Log Data to Identify Hydraulic (Flow) Units and Predict Permeability in Uncored Intervals/ Wells. SPE 68th ATCE, Houston, SPE26435.

Anraku, T. , Namikawa, T. , Herring, T. , Jenkins, I. , Price, N. and Trythall, R. (2000) Stochastic fracture odelling of the Yufutsu Field. Society of Petroleum Engineers SPE 59400 presented at: Asia – Pacific Conference on Integrated Modelling for Asset Management, Yokohama, Japan.

Asquith, G. B. (1985) Handbook of Log Evaluation Techniques for Carbonate Reservoirs. Methods in Exploration No. 5, AAPG, Tulsa,OK. Bacon, M. , Simm, R. and Redshaw, T. (2003) 3 – D Seismic Interpretation, Cambridge University Press, Cambridge, England.

Bear, J. (1972) Dynamics of Fluids in Porous Media, American Elsevier, New York.

Box, G. E. P. (1979) Robustness in the Strategy of Scientific Model Building. Technical Summary Report ≠1954, University of Wisconsin – Madison.

Budding, M. and Inglin, H. (1981) A reservoir geological model of the Brent Sands in Southern Cormorant, in Petroleum Geology of the Continental Shelf or North – West Europe (eds L. V. Illing and G. D. Hobson), pp. 326 – 334, Heyden, London.

Cannon, S. J. C. (1994) Integrated facies description. DiaLog,2 (3), 4 – 5(reprinted in: Advances in Petrophysics – 5 Years of DiaLog 1993 – 1997, 7 –9 London Petrophysical Society, 1999).

Cannon, S. J. C. (2016) Petrophysics: A Practical Guide, JohnWiley & Sons Ltd. , Chichester.

Cannon, S. J. C. and Gowland, S. (1996) Facies controls of reservoir quality in the late Jurassic Fulamr Formation, Quadrant 21, UKCS, in Geology of the Humber Group: Central Graben and Moray Firth,UKCS, vol. 114 (eds A. Hurst et al.), Geological Society Special Publication, London, England, pp. 215 – 233.

Cannon, S. J. C. , Giles, M. R. , Whitaker, M. F. et al. (1992) A regional reassessment of the Brent Group, UK sector, North Sea, in Geology of the Brent Group, vol. 61 (eds A. C. Morton et al.), Geological Society of London Special Publication, London, England, pp. 81 – 107.

Chellingsworth, E. , Kane, P. and Tian, X. (2015) Fast iteration geoscientists and engineers working in harmony, in Recognising the Limits of Reservoir Modelling – and How to OvercomeThem (Abstracts Volume), Petroleum Group, Geological Society of London.

Conybeare, D. M. , Cannon, S. J. C. , Karaoguz, O. and Uyger, E. (2004) Reservoir modelling of the Hamitibat Field, Thrace Basin, Turkey: an example of a sand – rich turbidite system, in Confined Turbidite Systems, vol. 222 (eds S. Lomas and P. Joseph), Geological Society of London Special Publication, London, England, pp. 307 – 320.

Cooke – Yarborough, P. (1994) Analysis of fractures yields improved gas production from Zechstein carbonates, Hewett Field, UKCS. EAGE. First Break,12, 243 – 252.

Corbett, P. W. M. and Potter, D. K. (2004) Petrotyping: A Basemap and Atlas for Navigating Through Permeability and Porosity Data for Reservoir Comparison and Permeability Prediction. International Symposium Society of Core Analysts, Abu Dhabi, SCA2004 – 30.

Crabaugh, M. and Kocurek, G. (1993) Entrada Sandstone: an example of a wet aeolian system, in The Dynamics and Environmental Context of Aeolian Sedimentary Systems (ed. K. Pye), Geological Society Special Publication 72, pp. 103 – 126.

Cuddy, S. G. , Allinson, G. and Steele, R. (1993) A Simple Convincing Model for Calculating Water Saturations in Southern North Sea Gas Fields, Transactions, SPWLA. 38thWell Annual Logging Symposium, Houston, S1 – 14.

Daly, C. and Caers, J. (2010) Multi – point geostatistics – an introductory overview. EAGE. First Break, 28, 39 – 47.

Deegan, C. E. and Scull, B. J. (1977) A Proposed Standard Lithostratigraphic Nomenclature for the Central and Northern North Sea. Report of the Institute of Geological Sciences (now British Geological Survey).

Deutsch, C. V. (2002) Geostatistical Reservoir Modelling, Applied Geostatistics Series, Oxford University Press Inc, Oxford, England.

Deutsch, C. V. and Journel, A. G. (1992) GSLIB: Geostatistical Software Library and User Guide, Oxford University Press.

Doveton, J. H. (1994) Geologic log Analysis Using Computer Methods, American Association of Petroleum Geologists, Tulsa, OK. AAPG Computer Applications in Geology No. 2.

Doveton, J. H. and Cable, H. W. (1979) Fast matrix methods for the lithological interpretation of geophysical logs, in Petrophysical and Mathematical Studies of Sediments (ed. D. F. Merriman), Pergamon Press, Oxford.

Fertl, W. H. and Vercellino, W. C. (1978) Predict water cut from logs, in Practical Log analysis Part 4. Oil & Gas Journal, 15 May 1978 – 19 September 1978.

Folk, R. L. (1980) Petrology of Sedimentary Rocks, Hemphill Publishing, Cedar Hill, TX.

Gawith, D. E. and Gutteridge, P. (1996) Seismic validation of reservoir simulation using a shared earth model. Petroleum Geoscience, 2, 97 – 103.

Guillotte, J. G. , Schrank, J. and Hunt, E. (1979) Smackover reservoirs interpretation case study of water saturation versus production. Gulf Coast Association of Geological Societies Transactions, 29, 121 – 126.

Jackson, M. , Hampson, G. , Pain, C. and Gorman, G. (2015) Reservoir modelling for flow simulation: surface – based representation of geologic heterogeneity and space – and time – adaptive unstructured meshes, in Recognising the Limits of Reservoir Modelling – and How to Overcome Them (Abstracts volume), Petroleum Group, Geological Society of London.

Keith, B. D. and Pittman, E. D. (1983) Bimodal porosity in oolitic reservoirs – effect on productivity and log response, Rodessa Limestone (Lower Cretaceous), East Texas basin. AAPG Bulletin, 67, 1391 – 1399.

King, P. R. (1990) The connectivity and conductivity of overlapping sand bodies, in North Sea Oil and Gas Reservoirs II (eds A. T. Butler et al.), Graham and Trotman, London, pp. 353 – 358.

Krige, D. G. (1951) A statistical approach to some basic mine valuation problems of the Witwatersrand. Journal of the Chemical, Metallurgical and Mining Society of South Africa, 52 (6), 119 – 139.

Leahy, G. M. and Skorstad, A. (2013) Uncertainty in subsurface interpretation: a new workflow. EAGE. First Break, 31, 87 – 93.

Leverett, M. C. (1941) Capillary behaviour in porous solids. Transactions of the AIME, 142, 159 – 172.

Long, A. , Bingwen, D. and Kajl, B. (2002) PESA – Technical Focus, Petroleum Exploration Society of Australia.

Lucia, F. J. (1983) Petrophysical parameters estimated from visual description of carbonate rocks: a field classification or carbonate pore space. SPE Journal of Petroleum Technology, 35, 626 – 637.

Lucia, F. J. (1999) Carbonate Reservoir Characterization, Springer – Verlag, Berlin.

Lucia, F. J. and Conti, R. D. (1987) Rock fabric, permeability and log relationships in upward shoaling, vuggy carbonate sequence.

Geological Circular No. 87 – 5, Bureau of Economic Geology, University of Austin, Texas.

McNaughton, D. A. and Garb, F. A. (1975) Finding and evaluating petroleum accumulations in fractured reservoir rock, in Exploration and Economics of the Petroleum Industry, vol. 31, Matthew Bender&Company Inc, Miamisburg, OH. Morecambe, E. andWise, E. (1971) Morecambe &Wise Christmas Special, BBC, London.

Mountney, N. P. (2006) Eolian facies models, in Facies Models Revisited (eds H. W. Posamentier and R. G. Walker), SEPM84 (Society for Sedimentary Geology), Tulsa, OK.

Nelson, R. A. (1992) An Approach to Evaluating Fractured Reservoirs, Society of Petroleum Engineers, Richardson, TX, JPT, September, pp. 2167 – 2170.

Nugent,W. H. , Coates, G. R. and Peebler, R. P. (1978) A New Approach to Carbonate Analysis. Transactions of the Society of Professional Well Log Analysts 19th Annual Logging Symposium, Paper O.

Nurmi, R. D. (1984) Carbonate pore systems: porosity/permeabilityrelationships and geological analysis (abstract). Presented at AAPG Annual Meeting, San Antonio, TX, 20 – 23 May.

Pitchford, A. (2002) 3D Modelling: size and shape do matter! PESA – Technical Focus, Petroleum Exploration Society of Australia: August/September: 78.

Posamentier, H. W. andWalker, R. G. (eds) (2006) Facies Models Revisited, SEPM84 (Society for Sedimentary Geology), Tulsa, OK.

Rapid Reservoir Modelling Consortium (2017) Reducing Uncertainty with Interactive Prototyping Geology, www. rapidreservoir. org (accessed 26 October 2017).

Ringrose, P. S. (2008) Total property modelling: dispelling the net – to – gross myth. SPE Reservoir Evaluation and Engineering,11, 866 – 873.

Ringrose, P. S. and Bentley, M. (2015) Reservoir Model Design, Springer Science + Business, Dordrecht, Netherlands.

Saka, G. H. , Castro, E. , Pettan, C. et al. (2015) Stretching the limits of reservoir modelling: an integrated approach from the Peregino Field,

Brazil, in Recognising the Limits of Reservoir Modelling – and How to Overcome Them (Abstracts volume), Petroleum Group, Geological Society of London.

Skelt, C. and Harrison, B. (1995) An Integrated Approach to Saturation Height Analysis. Transactions, SPWLA, 36th Well Annual Logging Symposium, Paris, France, NNN1 – 10.

SPE (P. R. M. S.) (2011) Petroleum Reserves Management System, Society of Petroleum Engineers, Richardson, TX.

Speers, R. and Dromgoole, P. (1992) Managing uncertainty in oilfield reserves, in Middle East Well Evaluation Review, Schlumberger Oilfield Services.

Steele, R. P. , Allan, R. M. , Allinson, G. J. and Booth, A. J. (1993) Hyde: a proposed field development in the southern North Sea using horizontal wells, in Petroleum Geology of Northwestern Europe:

Proceeding of the 4th Conference (ed. J. R. Parker), The Geological Society, London, pp. 1465 – 1472.

Sweet, M. L. , Blewden, C. J. , Carter, A. M. and Mills, C. A. (1996) Modeling heterogeneity in a low – permeability gas reservoir using geostatistical techniques, Hyde Field, Southern North Sea. AAPG Bulletin, 80/11, 1719 – 1735. American Association of Petroleum Geologists.

Thomas, J. M. (1998) Estimation of ultimate recovery for UK fields: the results of the DTI questionnaire and a historical analysis. Petroleum Geoscience,4, 157 – 163.

Tyler, N. and Finley, R. J. (1991) Architectural controls on the recovery of hydrocarbons from sandstone reservoirs, in Concepts in Sedimentology and Palaeontology, vol. 3, SEPM, Tulsa, Oklahoma, pp. 1 – 5.

Vail, P. R. , Mitchum, R. M. Jr, Todd, R. G. ,Widmier, J. M. ,Thompson, S. Ⅲ, et al. (1977). Seismic stratigraphy and global changes of sea level. AAPG 26.

Webb, S. J. , Revus, D. E, Myhre, A. M. , Goodwin, N. H. , Dunlop, K. N. and Heritage, J. R. (2008) Rapid Model Updating with Right – Time.

Data – Ensuring Models Remain Evergreen for Improved Reservoir Management. SPE112246, Intelligent Energy Conference, Amsterdam, Netherlands.

Weber, K. J. (1986) How heterogeneity affects oil recovery, in Reservoir Characterization (eds L. W. Lake and H. B. J. Carroll), Academy Press, Orlando, FL, pp. 487 – 544.

Weber, K. J. and van Geuns, L. C. (1990) Framework for constructing clastic reservoir simulation models. Journal of Petroleum Technology, 42, 1248 – 1297.

Wehr, F. and Brasher, L. D. (1996) Impact of sequence based correlation style on reservoir model behaviour, lower Brent Group, North Cormorant Field, UK North Sea Graben, in High Resolution Sequence Stratigraphy: Innovations and Applications, vol. 104 (eds J. A. Howell and J. F. Aitken), Geological Society of London Special Publication, London, England, pp. 115 – 128.

Worthington, P. F. (2002) Application of saturation – height functions in integrated reservoir description, in Geological Application of Well Logs (eds M. Lovell and N. Parkinson), American Association of Petroleum.

Geologists, Tulsa, OK AAPG Methods in Exploration No. 13, pp. 75 – 89.

附录 A   油藏地质统计介绍

这个简短的附件是帮助地质家熟悉模拟非均质性的理论和方法,主要对下列关键问题进行讨论:

(1)哪些非均性质会影响流动;

(2)哪些数据可以帮助建立模型;

(3)应该使用确定性方法还是随机方法;

(4)如何了解模型质量。

感谢 Karl Kramer,一位在 Roxar 多年的同事,他的地质统计课程教会了笔者,笔者也希望能教会读者。

虽然很难避免使用方程,但附件的目的不是罗列枯燥的方程,而是想聚焦于核心的理论——对比关系、趋势、插值,以及模拟。笔者努力总结出对这些概念清晰、明确的理解。笔者将通过对内容的理解和实例的演示,是使用者能够明确地知道,在什么情况下,应用什么样的非均质要素,以及在模型中采用什么样的方案。这个附件指示讨论非均质建模的概念,不涉及软件,但就如何找到这些技术会给出指示。

地质统计是统计学的一个分支,是研究数据的空间关系的学科。19 世纪 60 年代,Krige 和 Sichel 在南非,Matheron 在法国首先提出地质统计工具。金矿的作业促进了这种分析数据空间特征的技术。地质统计技术很快在采矿业流行起来。现在,这项技术应用到了很多领域,包括林业、气相、图像分析、电讯、环境治理等。

地质统计相关的概念和数学定义在近些年都有细化和补充。地质统计目前是把握油藏非均质性,从而实现动态模拟的重要工具。地质统计为地质模型的不确定性和风险分析提供了有力的工具,也为集成地震和测井这类不同采样尺度的数据提供了方法。

使用地质统计的原因是油藏的非均质特征,及其对流动的影响,一般非均质性增加时,波及体积下降。此外,地质统计还用来集成地质、地球物理、油藏工程等不同尺度、不同可信度,以及不同分辨率的数据。将数据统一集成到模型中,可能会导致对数据的不同的新的解释。同时,还可以了解参数分布的范围。在目前的认识程度下,评估油田勘探、开发相关的问题的风险。

基本的统计工具包括直方图、特征描述、方差分析、散点图等,可作为评价数据质量的扫描工具,提供模型参数,包括相的厚度分布、相比例等。对趋势、空间连续性、协方差的分析是岩石物理建模的一部分。有很多重要的方法用来统计油藏参数的分布。这既用于相建模,也用于岩石物理建模。

通常会有错误的认识,认为地质统计使建模过程很简单。目前还没有工具能够代替人脑的经验。在数据处理和模型设计阶段,还有很多主观的因素。也就是说,适当地应用地质统计可以生成更好的模型,并更好地理解油藏的动态。

A.1 对统计的基本描述

虽然基础统计学作为分析工具已经有 100 年历史,但这是在近些年才被引入地质学之中。有很多共性和有用的算法,可以用来统计任意数量的数据集。包括描述集中趋势的均值、众数、中值,衡量数据分散程度的方差、标准差、四分位范围,以及衡量均匀程度的变异系数、偏度系数。

均值用来描述集中程度。表达式为:

$$m = \frac{1}{n}\sum_{i=1}^{n} x_i \tag{A.1}$$

中值是将数据按照升序排列后处于中点位置的数值。中值的数学表达式如下:

$$M = \left\{ \frac{\mathrm{mod}\left(\frac{n}{2}\right) = 1 \rightarrow x_{\frac{n+1}{2}}}{\mathrm{mod}\left(\frac{n}{2}\right) = 0 \rightarrow \frac{x_{\frac{n}{2}} + x_{\frac{n}{2}+1}}{2}} \right\} \tag{A.2}$$

如果观测值的数量是奇数,其值对应处于中间位置的数值。如果观测值的数量为偶数,其值对应处于中间位置两个数的均值。中值对异常高值不敏感,而平均值对异常高值敏感,因此存在异常值时,两者差异较大。

众数是出现频率最大的值。其数值受数据精确度的影响。当使用不同的有效数字位数的时候,众数可能会变化。因此,如果数据集中的数据具有多种有效数字位数的时候,众数会很少使用。

具有不同分散程度的数据集,可能会有相同的统计中心(图 A.1)。

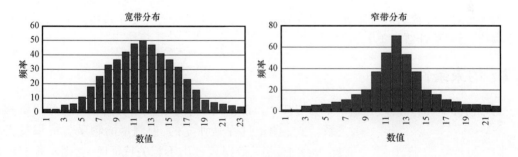

图 A.1   两组数据具有相同集中趋势,但具有不同的正态分布

方差是对数据分散程度的衡量。表示为观测数据与其均值的平方差的平均数。

$$\sigma^2 = \frac{1}{n}\sum_{i=1}^{n}(x_i - m)^2 \tag{A.3}$$

因为涉及观测数据的平方差,因此方差对极端值很敏感。为了与均值具有相同单位,常使用标准差来衡量分散程度,其为方差的平方根。

如上面所述,中值是处于中间位置 $n/2$ 的数。相似的,处于 $n/4$ 和处于 $3n/4$ 称为四分之一分位数和四分之三分位数。这些数据的作用也是用来衡量分散程度,因为没有使用均值作为分布的中央,从而避免了异常值的影响。这两个数据的差异被称为四分位距。

集中趋势和离散程度是数据分布的两个属性,但没有体现数据相对于中心的对称性。非对称分布的例子如图 A.2 所示。左侧数据的分布带有一个左侧的拖尾,被称为负偏度。右侧数据的分布带有一个右侧的拖尾,被称为正偏度。

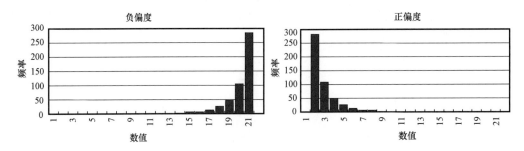

图 A.2　具有正偏度和负偏度的偏态分布

通常用偏度系数来描述数据的偏度,表达式如下:

$$C_{\text{skewness}} = \frac{\frac{1}{n}\sum_{i=1}^{n}(x_i - m)^3}{\sigma^3} \tag{A.4}$$

偏度受异常值的影响极大。因此,通常只用正、负来描述。

另一个描述正数、正偏度的参数是变异系数。定义为标准差与均值的比值。

$$CV = \frac{\sigma}{m} \tag{A.5}$$

如果要对一组数据进行评价,可用变异系数对数据进行衡量。变异系数大于1,说明存在异常高值,会对估计造成重大影响。

A.2　约束条件分布

通常情况下,测井的过程或结果会与某个因素相关。中子密度与伽马测井通常呈负相关关系。虽然测量过程是独立的,但测量的物质与沉积过程相关。事实上,相关数据表现出不相关特征时,会揭示很多内在的信息。

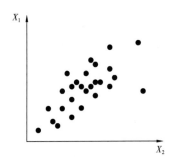

图 A.3　双变量散点图,
用以展示两个变量的关系

就像用单一统计值描述单一变量,也会使用双变量统计值来描述两个变量的关系。散点图就是描述两个变量关系的特征,这很容易绘制出来(图 A.3)。

散点图可以很直观地表现出两个变量的关系中异常值,而这些异常值通过表格却不容易发现。因为有的异常值是错误的,因此弄清异常值出现的原因是非常重要的。

常用下列的相关系数描述变量之间的关系,表达式如下:

$$\rho = \frac{\frac{1}{n}\sum_{i=1}^{n}(x_i - m_x)(y_i - m_i)}{\sigma_x \sigma_y} \tag{A.6}$$

式(A.6)分子部分称为协方差。注意协方差与数据的量级无关。相关系数的范围为 $-1 \sim 1$。1 表示交会图的斜率为正，-1 表示交会图的斜率为负。相关系数为 0 表示交会图可能为云状，或者是数据为非线性关系。

A.3　空间连续性

地质数据通常在指定的坐标系下测量，比如岩石物理数据，每个点都具有 x, y, z 坐标。虽然自然界中所有尺度下都具有不连续性，但还是希望岩石物理数据不要出现异常变化。对于古老海滩上，岩石的孔隙度一般不会在平面上突变，而是缓慢变化，这反映了当时沉积环境的水动力尺度。这表示，很多地质上的测量值都与周边的数值相关。

如果用某个位置上的测量值与相距固定距离的测量值交会，就可以产生如图 A.4 所示交会图。

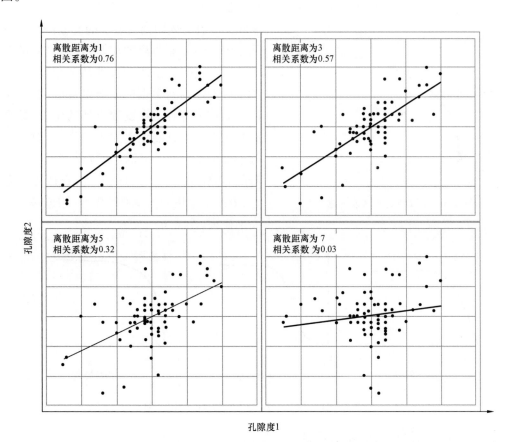

图 A.4　对不同距离的属性数据作散点图，表现出随着离散距离增加，相关性变差

在距离较小时,测量值相近,线的斜率近45°。当距离较大时,围绕45°线的云图会变宽。对这些空间散点的常规汇总统计就是围绕这个45°线的惯性力矩,如下:

$$惯性力矩 = \frac{1}{2n} \sum_{i=1}^{n} (x_i - y_i)^2 \tag{A.7}$$

在这个空间对比情况下,惯性力矩被称为半变差函数。当变差函数增加时,对应的交会图相关系数降低。

上面关于距离 h 的交会图,假设在每个有限的分隔距离上都存在。但大部分的地质数据在空间上都是离散的,或是具有固定的区间。因为样品数较少,通常要将某些样品集合到一起来计算变差函数,这个集合起来的样品所在的范围称为容差。容差区绝对距离的一半,称为滞后增量。

如果将半变差函数值与分离距离作出交会图,就可以估计出一条连续的函数曲线。这个函数称为变差函数。

A.3.1 变差函数描述

在分隔距离较小时,变差函数值较小。如果函数值为零,那么意味着在相同位置,只有单

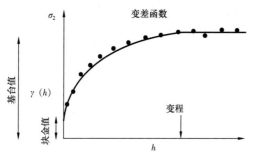

图 A.5 指数型变差函数示意图

一结果。在分隔距离为零处的变差函数值称为块金值。当分隔距离增加时,样品之间的差异也增大。当分隔距离增大到某个程度时,继续增大分隔距离对数据的差异没有影响,这个分隔距离称为变程。在变程以外的位置,数据没有相关性。当分隔距离大于变程时,对应的函数值称为基台值。此时,函数值等于测量值自身的方差(图 A.5)。可以看到,在原点位置附近,方差增速快的为指数型模型,增速最慢的为高斯模型(图 A.6)。

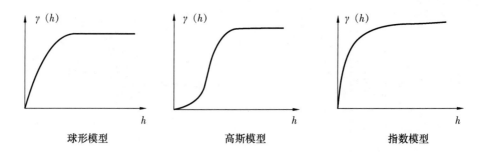

图 A.6 地质统计中经验变差函数的常用类型

A.3.2 层间和几何形状的各向异性

地质数据的相关性总是与方向相关。很多例子都是有方向性的,比如滨岸砂,向海方向形成厚度很薄,但平行海岸线连续性很好,垂直海岸线连续性差的砂层。当对比性随方向改变

时,称为几何的各向异性。岩层可能也会随方向发生变化,称为层间各向异性。开展三维建模时,各向异性可用椭圆表示(图 A.7)。

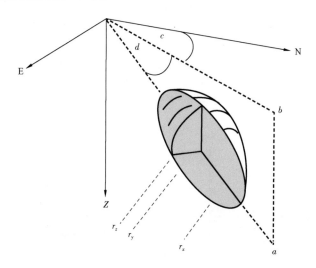

图 A.7　变程的三维椭圆,用来表征各向异性,都需要各自的变差、基台值、块金效应

A.3.3　变差函数估计

对变差函数的估计通常从构建一个简单的变差函数开始,选用某个容差来计算样本的空间分布情况。

很重要的一点是,用来估计变差函数的数据,应当来自同一成因单元,或是重复性的同一成因的单元。就像前面提到的,同一套海滩中,因其沉积时具有相同的水动力条件,沉积砂体不会发生突变,故而孔隙度的空间连续性一般不会突变。如果砂体被河道剥蚀,或是被粉砂充填,那么河道中的砂体将表现出不同的统计分布特征,这反映了不同的沉积体现。砂体从一种环境转变为另一种环境,两种环境之间会发生突变。如果对不同环境的孔隙度做变差函数分析,那么最后估计的变程可能会减小,而更重要的是,不同环境之间的突变会被丢失。这种问题的处理方式一般需要通过目标模拟,或是指示模拟,在属性模拟之前,先将沉积尺度的非均质性模拟出来。

为了正确估计属性的统计特征,有必要分地层单元来统计,而不是按照时间或是深度统计(图 A.8)。可以看到,下面的情况中,左边的井钻遇的地层在右边的井中是缺失的,而在上面的情况中,地层是平行沉积的,两井钻遇的地层是一致的。

三维插值和模拟是在连续性空间中进行的。网格的结构就需要转变回构造变形之前对应的空间系统,再进行模拟(图 A.9)。

因为插值和模拟都是以网格为单元的,因此在估计变差函数之前,需要将输入数据转换到网格之中。简单克里金算法(后面讨论)需要数据符合正态分布,均值为 0,方差为 1。这就需要在计算之前将数据变换至可用的情况。

等比例分层

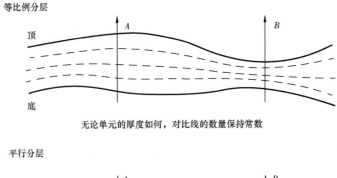

无论单元的厚度如何，对比线的数量保持常数

平行分层

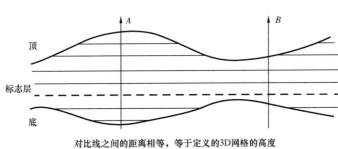

对比线之间的距离相等，等于定义的3D网格的高度

图 A.8　网格划分对属性分布的影响,使用等厚度网格时,某些属性在 B 井并不能被采样到

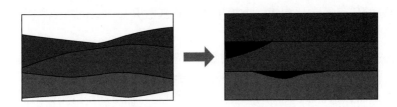

图 A.9　大部分地质统计方法需要结构化网格。数据需转化到网格中,
再计算经验变差函数,从而进行克里金插值或模拟插值

A.4　变换

在后面的章节中将会讨论,对随机变量的插值和模拟中都有一个隐含的假设,就是变量符合正态分布。在简单克里金中,也要假设变量在模型范围内是稳定的。模拟之前,需要对变量进行正态变换。

软件中有很多正态变换工具。这些工具可以将任何数据集变换为克里金算法所需的要求。在模型范围内,作数据在 x,y,z 方向上的散点图(这里也包含离散数据),可以找出数据的空间趋势。这些趋势可以通过简单的线性回归或是分段线性回归来确定。在数据转换的前后,都保留这些趋势。这些趋势可通过二维或是三维趋势的方法,用于指导基于点的模拟方法。

Box－Cox 变换可将偏度数据转换为对称数据。对数分布的数据可用对数函数进行变换。如果数据是对称的,可以将均值平移到0,将标准差缩放到1。再对模拟场进行后变换,可以使结果符合原始数据的矩。

如果井点数据可以控制目标区的整个范围,那就可以使用井数据逐个网格进行绘图(插值)。

A.5 定义步长

将井数据粗化到网格以后,并且进行了相过滤、正态变换,那么估计变差函数时就会涉及容差和步长。一开始,数据集可能是全方位的。如果平面上数据可用,那么就可以细化步长来确定方向性(图 A.10)。

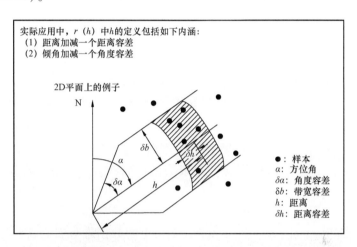

图 A.10 变差函数研究窗口,用以估计三维空间上各向异性的变程和容差

容差是在步长范围内,数据可以归入该步长的最大宽度。容差是确定方位时最小的可分辨宽度。生成全方位数据集时,容差应设为 90°,容差的带宽设为步长容差的一半。

A.6 变差函数解释

石油工业中,平面上的井距通常远远大于垂向上的岩石物理测量尺度。因此,在垂向上通常能够获得更多的数据对,进而导致垂向上的取样误差往往较小。同时,由于垂向上的取样通常为等间距,因而数据在垂向上没有丛聚效应。通常垂向上的变差函数与基础变差函数模型非常接近。相反,平面上的变差函数就会出现较多的误差,并且很难解释。

解释平面变差函数必须要考虑样品点的分布和代表性。有时候,在某些情况下,通过类比数据(来自露头)分析变差函数的结构可能更加可靠。

并非所有变差函数的异常都来自于取样的问题。对样品变差函数的理解能够帮助更加深刻地了解测量结果隐含的样品分布特征。

出现了基台值就意味着测量结果的期望值是相同的,无论测量数据是否存在空间上的丛聚效应。此时,称测量结果是稳定的。如果数据的平均值存在某种趋势,比如存在某个趋势面的变化,那么,在该方向的变差函数分析中就不会出现基台值(图 A.11)。

变差函数中的坑洞效应表示数据具有周期性变化特征(图 A.12)。变差函数对异常值非

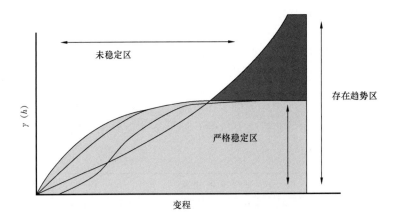

图 A.11 基台值的指示意义。如果可识别出基台值,那就意味着测量值的均值保持不变,如果不考虑丛聚效应,就可以认为数据是稳定的。如果对数据进行处理后,仍有残余趋势,那就识别不到基台值

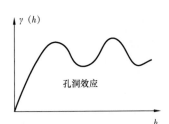

图 A.12 数据周期性变化的变差函数形态,如果实验变差函数表现出孔洞效应,则表示数据具有周期性变化

常敏感,有时,如果存在异常值,那么也会造成坑洞效应。

如果垂向上的基台值比水平方向上的基台值高,那么通常指示数据存在成层性特征。如果垂向上的基台值小于水平方向上的基台值,那么通常意味着不同的井或分区之间,其均值是不同的。

基于变差函数对空间数据进行插值或是模拟,就是根据估算点到已知点的距离对已知点的影响权重进行赋值。因此,估算点附近变差函数的形状就会对插值或是模拟结果形成重要的影响。在基台值附近,需要花费更多的精力来估计变差函数的形态,从而尽量避免对最终的模拟结果进行修改。从数据质量控制的角度了解变差函数的影响因素很重要,但同时,实际工作中如果能够从地质角度解释和模拟变差函数,那将会得到更加合理的结果。

还有一个问题,就是如何产生相数据的变差函数。相数据是离散的,也就是相数据都是整数。相数据进行减法运算是没有意义的。那就需要将问题转化为"某种相 Y 在这个位置出现的概率是多少,一定距离以外,相 X 出现的概率是多少?"。从一个离散数据变为另一个离散数据的概率本就是一个连续函数,这就与上面讨论的变差函数一样了。

因为概率函数与某种相在特定位置出现的概率相关,那就需要将概率转换为二进制数据,0 表示为目前的相,1 表示为另一种相。每两种相之间的转换,都有其对应的变差函数。回想之前的变差函数方程:

$$\lambda = \frac{1}{2n} \sum_{i=1}^{n} (x_i - y_i)^2 \tag{A.8}$$

如果数据只有 0 和 1,那么最大的基台值就是 0.25。此时只有两种相存在,并且相比例相

等。如果超过两种相,并且相比例不同,那么最大基台值就会降低:

$$\lambda_{max} = (\text{proportion } A)(1 - \text{proportion } A) \tag{A.9}$$

这里的 A 是按照转换概率计算的相的代号。

A.7　克里金

所有的地质家都熟悉绘制等值线图。手绘时,需要人为判断插值。随着计算机的进步,很多数学家推导了基于不同权重函数的插值方法。与很多算法相似,克里金插值也是基于已知数据的加权平均。通过算法计算这些权重,克里金算法能够体现权重的各向异性。

克里金算法与其他插值技术不同的一个性质是,生成了最优的线性无偏估计(B. L. U. E)。生成的最优插值使误差最小。无偏意味着其平均误差为零,即低估的趋势与高估的趋势相同。说克里金算法是最优线性无偏估计,是在变量符合高斯随机分布的假设前提下的。

克里金方法的推导充满了数学术语,包括微积分、随机函数,以及线性代数。

就像司机不必会修车,我们也不必了解克里金算法的推导过程。只需要了解克里金算法是很多模拟方法的核心,也是地质统计的基础。

A.7.1　简单克里金和普通克里金

如上所述,克里金对每个数据点进行无偏线性最优估计。两种方法的差异在于,简单克里金要求估计的均值在所有位置为常数,而普通克里金在每个插值点重新估计均值。

普通克里金也被称为地质统计的核心,因为其可以处理数据均值的飘移问题。因此,普通克里金是对一组离散数据进行插值的首选工具。但是,对飘移的处理也会产生对整体趋势符合程度的问题。

就像所有基于权重的插值算法一样,克里金也会在已知点之间生成平滑插值。但与大部分插值算法不同,克里金可以考虑空间上的各向异性。在图 A.13 中,第一张图应用反距离算法,中间一张应用简单克里金算法。前面两张图的结果相似,而最后一张图中可以看到明显的北东—南西方向性,因为这一张应用了克里金和各向异性变差函数。

普通克里金要求输入数据的权重和为 1。因此,普通克里金对数据的丛聚效应不敏感。

A.7.2　带飘移的克里金

带飘移的克里金不是通过插值点周边已知的临近点来估计局部的平均值,而是通过汇总局部要素,再做区域飘移来估计平均值。这样就可以包含第二变量,比如地震属性图或属性体,进而来综合插值。用相关系数来衡量第一变量和第二变量的相关性,并以此作为插值时第二变量的作用强度。

带飘移的克里金是集成第二变量进行估值的有效方法,还可以反映第二变量在任意分隔距离上与第一变量的相关性。

A.7.3　协克里金

协克里金应用第一变量与第二变量之间的交叉变差函数,生成第一变量与第二变量协方差和交叉协方差的完全矩阵。比如,该算法遵从第一变量的空间变化,同时应用第二变量的信

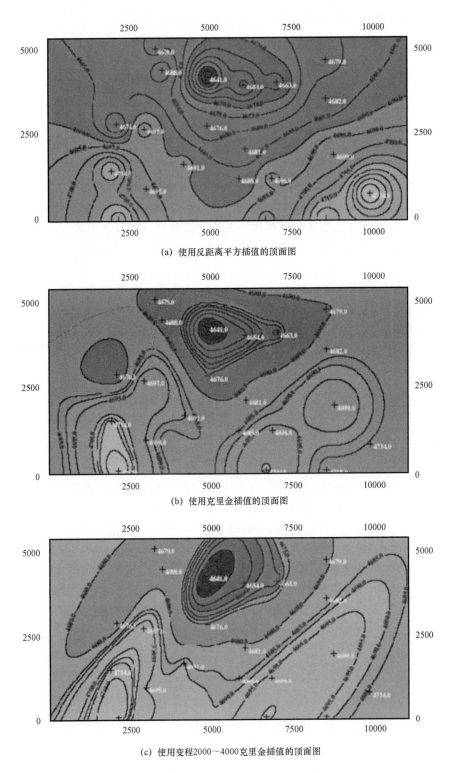

(a) 使用反距离平方插值的顶面图

(b) 使用克里金插值的顶面图

(c) 使用变程2000～4000克里金插值的顶面图

图 A.13　不同绘图算法示例。(a)反距离平方插值,(b)克里金插值,(c)各向异性的克里金插值

息来约束插值。协方差矩阵随着输入数据的增加,矩阵数量快速增加。实际应用中,完全的协克里金通常会受到输入数据量的限制。因此,开发了一种简单的算法,只考虑第一变量周边局部的第二变量的影响。同位协克里金是更加常用的算法,而不是完全的协克里金。

当第一变量相对于校正变量、其数据点位置很近的时候,同位协克里金与飘移克里金的计算结果差别很小。这是因为此时第一变量会对第二变量产生屏蔽作用。

A.7.4　指示克里金

对于大部分的地质情况,岩石属性可以通过成因地质单元进行归类。这些成因单元具有一定的几何形状,空间上可对比。这就要求在插值时,遵从这些空间关系。

指示克里金应用简单克里金方法估计相的概率,再转换为指示变差函数。指示克里金是指示模拟方法的常用工具。这种方法适用于井密度大于地质体平均几何尺寸的情况。此时,所模拟的相目标的形状主要由井上的硬数据所确定。

当输入数据很少或者根本没有的情况下,目标模拟技术的预测性更好,因为目标模拟综合了相的几何信息,而指示模拟就只依赖于两点之间指示变差函数的关系。

A.8　模拟

有很多通过已知点插值计算未知点的算法,最常见的是包括样条函数、距离加权,以及克里金的不同形式。所有的算法都遵从已知数据,并对已知数据加权平均。这意味着,所有的算法都是从一个点到另一个点的光滑转换。虽然光滑的图件视觉上更美观,但不能够反映出比已知数据尺度小的变化。但在模拟变差函数时,却模拟了所有尺度上的变化,而克里金估计是估算空间上一点的均值,因此不会出现在该点上估算结果的变化。大部分的模拟算法都基于条件分布绘制某一点上的随机曲线进行估计。这就建立了一个随机模型,这个模型体现了所有尺度上的变化,并且不同的实现之间生成的结果不同,但总是遵从于已知数据和变差函数(图 A.14)。

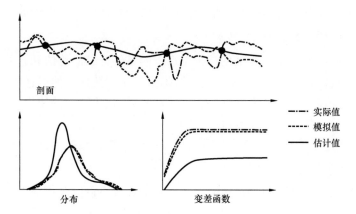

图 A.14　估计结果与模拟结果的对比,基于条件数据模拟的随机曲线导致了结果的随机性

模拟的结果比克里金方法更能代表实际数据。结果遵从了变差函数,并把握了信息的空间变化特征。因为遵从了空间的变化,模拟结果中数据的分布还与输入数据的分布一致。注

意,克里金方法的模拟结果与输入数据的分布是不一致的。

模拟技术把握非均质性变化的能力影响了油藏中流体的流动。小尺度的非均质性会导致流线弯曲,进而影响了波及体积。

最后,如果生成了同一分布的多个实现,那么这些实现就可以用来对任意一个指定的模拟结果的置信程度进行定量。

所有的序贯模拟算法都是相似的。基本的思想就是在一个点上,生成一个条件分布,然后在这个条件分布上随机选取一点。然后依次移动到另一个点,再生成一个条件分布,但这时的条件分布要包含所有前面已有的点,包括模拟生成的点和已知点(图 A.15)。

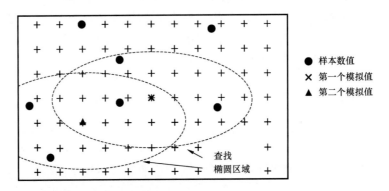

● 随机选择一个尚未模拟的网格节点

● 获得该点的条件分布

● 从条件分布中获取一个值,并将其赋值到网格中,再将其作为后续插值数据集中的一部分

● 重复该过程直到所有节点都获得了模拟结果

图 A.15　序贯模拟方法的示意图

生成条件分布的算法有很多。下面讨论的所有模拟算法,包括目标模拟,都是应用克里金算法的一种变形来生成条件分布的平均值、标准差,或是累计条件密度函数(ccdf)。

A.8.1　序贯高斯模拟(SGS)

序贯高斯模拟应用简单克里金来估计每个点上的条件分布的均值和方差。该算法应用于连续变量,比如泥质含量。该算法需要对输入数据进行正态转换。然后在模拟以后,再将模拟结果转换回来。在经验性正态转换之前,由于二维和三维趋势转换的使用,这些数据可能与用来进行补充约束的第二数据并不一致(图 A.16)。

需要注意,外部趋势的引入可能会导致目标分布函数与井数据估计的分布函数并不一致。

A.8.2　带趋势的序贯高斯模拟

带趋势的序贯高斯模拟应用带趋势的克里金来估计每个点的条件分布的均值和方差。回忆一下,带趋势克里金用普通克里金矩阵,但同时包含了一个附加项来考虑第二变量的趋势。这个附加项使分布的期望由于第二变量的偏移而改变,第二变量通过模型属性来定义。

某些软件应用快速的序贯扫描算法进行随机模拟。首先在没有井的粗网格下进行模拟,通过变差函数和块金参数建立大尺度的非均质性。这里假设数据符合正态分布,均值为0,方

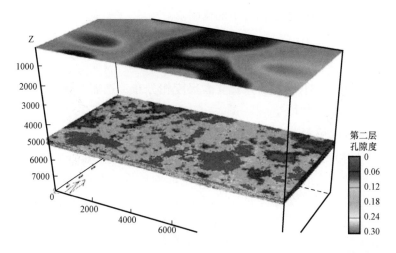

图 A.16　序贯高斯模拟示意图,这里使用孔隙度的克里金插值图件约束模拟结果

差为1。之后,粗网格作为输入数据来模拟细网格中的属性,直到产生所有网格的属性。扫描算法要求生成的网格属性符合井控条件下的克里金插值,从而保证遵从井数据,这在模拟的最后自动完成。模拟后再进行变换,以实现与井上输入数据具有相同的趋势和分布。

当模拟相关变量时,如孔隙度和渗透率,第一变量被模拟,而将第二变量作为趋势,如图 A.17 所示具有一致性的孔隙度和渗透率模拟结果。

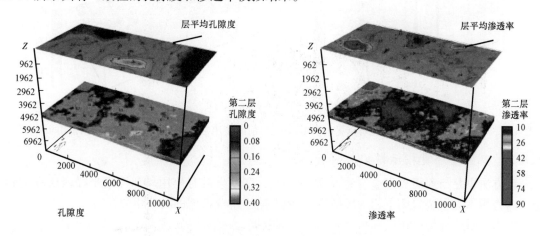

图 A.17　协同孔隙度和渗透率模拟结果

A.8.3　序贯指示模拟

序贯指示模拟应用指示克里金来估计每种相的累计条件密度函数,并将其综合为某一点处所有相的累计条件密度函数。

这主要用于估计大尺度的离散信息。尤其是井距小于单个沉积体平均大小的情况。当井控足够密的情况下,单个沉积体的方向将受已知数据的约束,而不需要在增加约束条件或进行定义。

序贯指示模拟可以综合趋势信息。在克里金方程中增加补充的约束,将样点权重乘以相的概率,再求和,就等于该点带趋势情况下的概率。

$$\sum_{\alpha=1}^{n} \lambda_{\alpha}(u;k)p(u_{\alpha};k) = p(u;k) \qquad (A.10)$$

可以应用地震属性数据作为趋势来建立大尺度相分布。这需要将图转化为概率值,每种相对应一张图,概率的总和为 1。

A.8.4 序贯高斯同位协模拟(SGCoSim)

序贯高斯同位协模拟应用同位协克里金方法计算每个点上累计条件密度函数的均值、标准差。这种方法主要用于主变量表现出小范围非均质性,而这种非均质性又与第二变量明显不同的情况。比如,极高分辨率的地震属性表现出了砂岩质量的变化,而孔隙的分布在模型的分辨率下是随机的,用地震数据直接约束模型的插值,但在小范围内遵照主变量的变差函数。图 A.18 展示了与上面带趋势序贯高斯模拟相同数据情况下,同位模拟的孔渗场特征。

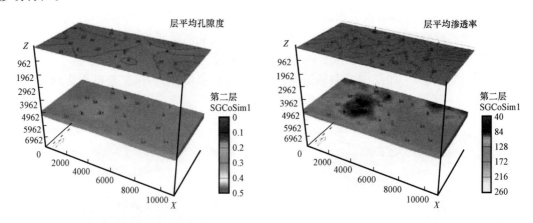

图 A.18 孔隙度和渗透率的同位协克里金模拟示例,与前面使用带飘移的序贯高斯模拟使用相同的数据

A.8.5 双变量序贯指示模拟

该方法也是与前面克里金方程相关的。指示克里金没有使用局部搜索半径内所有的信息。因为指示克里金只用了相的转换概率,但忽略了本应考虑的其他相的存在。

因为指示协克里金用已知数据来估计离散数据,大部分时候,指示协克里金及其同位方法并不能提高非均质的模拟效果。

A.8.6 截断高斯模拟(TGSim)

地质学家很早就意识到了相对海平面升降影响了沉积模式。19 世纪 70 年代,van Wagoner,Vail 等提出了层序地层学的概念(Vail 等,1977)。关于层序地层学,他们发表了大量的文章,并用于实际数据的解释。层序地层的基础单元是层序,层序以不整合及其对应的整合面作为边界。层序可进一步划分为体系域,体系域是由海泛面或等时单元作为边界的相同叠置模式的准层序来定义。

层序地层格架提供了一种对比等时相展布的方法。大家注意到,地震反射通常是沿着等时界面,而不是穿时的岩性单元(Vail 等,1977)。大部分情况下,网格应按照等时地层单位来设置,而将穿时单元模拟成一个带。然后用这些带来约束特定相的空间展布。比如,分流水道相可以被约束在河流相带内。砂岩将会插入海相内,从而模拟出相对海平面变化导致的岩石结合形态的变化。

　　带趋势的截断高斯模拟(TGSim)常被用于生成离散属性,几何上与准层序相似。虽然这个功能常被用于模拟准层序,但其作用还不止于此。某些时候,算法可以用于模拟任何过渡相的情况。其可以是概率场模拟,这与前面讨论的序贯指示模拟不同。每种相作为一个连续的三维随机变量的一个段落进行模拟,每个段落都有一个或更多的截断值。连续的随机变量作为一个高斯场来模拟,这个高斯场是一个线性期望函数与一个固定残余高斯函数的和。线性期望函数保证某个相的上下都是不同的另一种相。线性期望常设定了一般的形状和相带的前积角。海洋方向可以通过区域地质背景和层序地层研究来确定。这控制了相带的延伸方向(图 A.19)。

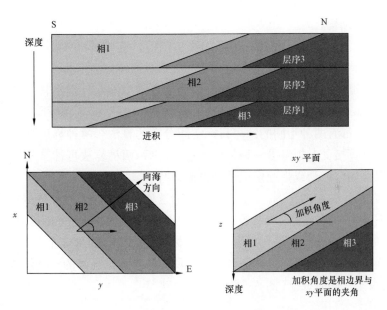

图 A.19　使用带趋势的序贯高斯模拟模拟相带的进积

　　每个准层序的加积模式可以通过井数据上的平面和纵向的相变,或是通过露头类比来估计。较大的加积角常对应平面分布范围有限,而较小的加积角则对应平面连续性更好。加积角 0.5 对应加积型准层序,0.001 对应进积型准层序。之后,再将得到的概率场通过井点数据进行完善。

　　概率场的完善程度是井密度和残余变量的函数。较低的井密度,或是较高的残余变量都会导致概率场越来越像是线性期望直接计算的结果。

　　最后,概率场在高斯空间被残余函数扰动。三维连续场的残余因素通过变量和变差函数进行指定。最终形成的概率场用来控制局部相的连续性和相之间的插入角度。较小的变量和较短的校正长度生成薄且短的相单元,而较大的变量和较长的校正程度生成厚且宽的相单元。可以通过观察井上对应相带的垂向距离,以及在无约束概率场中的对应过渡情况,对变量进行估计。

垂向校正长度反应层的厚度,可用平均层厚近似。横向校正长度反应砂体连续性。各向异性椭圆的长轴通常平行于海岸线,与向海方向垂直。

在将残余高斯场附加到初始概率场之后,应用最近的整数值将连续场截断,便可看到明确的地质分带特征。

A.9 目标模拟

对于大多数油藏,非均质性是尺度的函数。油藏中非均质性通常可分为相的尺度和岩石属性尺度。相变引起的非均质性通常通过指示模拟方法建模,比如前面提到的序贯指示模拟。大部分的指示模拟都基于油田自身的概率分布。但二元的统计方法无法描述相的几何形状。地质学家对沉积过程和沉积相几何形状的研究已经有数年时间了。通常,第二个参考变量会帮助地质家预测趋势,这比简单的等值线插值要好。基于目标的模拟可以将相的关系和几何属性用于约束模拟结构。

目标包括曲流河道、椭圆形的礁、扇形的决口扇等。这些目标体都具有条件性的转换概率,即受相邻的某特殊相存在与否的影响。比如决口扇通常与河道相连,因为这两种相成因上是相连的。同样,珊瑚礁不会与河道相相邻,因为珊瑚需要净水环境生长。进一步地,来自井控、地震,以及其他来源的数据还可以帮助约束相的分布特征。

大部分的软件都有两种不同的约束目标空间分布的算法。两种算法都是迭代的,先布置一种目标体,再计算接受或拒绝另一种目标。迭代之后,两种算法再计算是否重复这个过程。在如何汇聚,以及如何接受或拒绝模拟结果方面,两种算法本质上是不同的。目标元素的模拟直到其达到设置的每种相的比例,或是达到最大的迭代次数为止。条件数据包括井数据、趋势数据,这些数据被用来确定模拟结果是否被接受,以及对整个体积上进行约束。另一种应用于河道目标模拟的算法是在每次迭代之后,计算目标函数的值。如果这个函数值超过前一次迭代,那么就拒绝对目标的替换。目标函数是综合所有条件数据得到的复杂函数,因此可以同时保持所有的约束条件同时成立(图 A.20)。

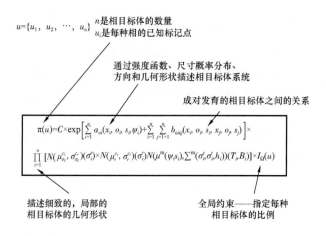

图 A.20 目标函数描述了每次迭代后相的概率。优化的方向是目标函数最大化

基于目标函数增加来拒绝目标体布置的算法,容易造成函数的局部最优。这个问题一般通过模拟退火方法解决。这个名字来源于材料领域,比如热金属置于冷水中淬火,退火将金属原子和碳原子锁定在淬火温度条件。相对于更高温度条件,原子彼此之间具有更高的自由度,高温淬火比低温淬火锁定的原子状态更加随机。在模型中布置一个新目标的概率,在一开始的时候并不进行约束。当程序进行迭代时,约束逐渐增加,就像模仿退火过程中的冷却的影响。

在目标模拟中,将散落的目标体参数化,这个过程可给出目标体的参数、分布函数,比如高度、宽厚比、方向、弯曲度(图 A.21)。目标体的模拟应用标记点过程,这里标记点位于目标体的中心,目标体的形状来自输入的参数。当模拟的目标体与井信息违背,以及达到某个目标净毛比时,新的模拟目标体就会被拒绝。还有可能有其他的约束条件,比如剥蚀关系,比如相互吸引或排斥,从而模拟较高的或较低的连通性,只有目标模拟方法中包含了对砂体连通关系的模拟。

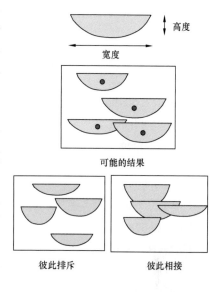

图 A.21　一个简单的目标模拟实现,以井点为初始点,综合了目标的高度、宽度、排斥和叠置的规则

A.10　小结

一位智者曾经说过:"有三种谎话,分别是谎话,该死的谎话,以及统计"。在油藏建模中,相似的也有"硬数据""软数据""地质统计数据",你需要这三种数据来成功模拟相和属性在三维网格中的分布。还有一句话,最早是谁说的不知道了,但确实曾经被马克·吐温引用过,这句话对地质建模师也是一个补充,"欺骗人们,比说服人们被欺骗了要容易得多"。

附录 B　单位换算表

1mile = 1.609km

1ft = 30.48cm

1in = 25.4mm

1acre = 2.59km^2

1ft^2 = 0.093m^2

1in^2 = 6.45cm^2

1ft^3 = 0.028m^3

1in^3 = 16.39cm^3

1lb = 453.59g

1bbl = 0.16m^3

1mmHg = 133.32Pa

1atm = 101.33kPa

1psi = 1psig = 6.89kPa

psig = psia − 14.79977

℃ = K − 273.15

1℉ = $\dfrac{9}{5}$℃ + 32

1cP = 1mPa · s

1mD = 1 × 10^{-3}μm^2

1bar = 10^{5}Pa

1dyn = 10^{-5}N

1kgf = 9.80665N

国外油气勘探开发新进展丛书（一）

书号：3592
定价：56.00元

书号：3663
定价：120.00元

书号：3700
定价：110.00元

书号：3718
定价：145.00元

书号：3722
定价：90.00元

国外油气勘探开发新进展丛书（二）

书号：4217
定价：96.00元

书号：4226
定价：60.00元

书号：4352
定价：32.00元

书号: 4334
定价: 115.00元

书号: 4297
定价: 28.00元

国外油气勘探开发新进展丛书（三）

书号: 4539
定价: 120.00元

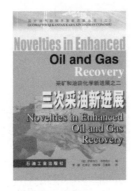

书号: 4725
定价: 88.00元

书号: 4707
定价: 60.00元

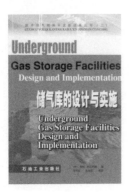

书号: 4681
定价: 48.00元

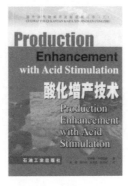

书号: 4689
定价: 50.00元

书号: 4764
定价: 78.00元

国外油气勘探开发新进展丛书（四）

书号：5554
定价：78.00元

书号：5429
定价：35.00元

书号：5599
定价：98.00元

书号：5702
定价：120.00元

书号：5676
定价：48.00元

书号：5750
定价：68.00元

国外油气勘探开发新进展丛书（五）

书号：6449
定价：52.00元

书号：5929
定价：70.00元

书号：6471
定价：128.00元

书号: 6402
定价: 96.00元

书号: 6309
定价: 185.00元

书号: 6718
定价: 150.00元

国外油气勘探开发新进展丛书（六）

书号: 7055
定价: 290.00元

书号: 7000
定价: 50.00元

书号: 7035
定价: 32.00元

书号: 7075
定价: 128.00元

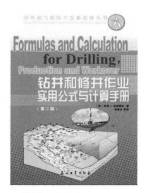

书号: 6966
定价: 42.00元

书号: 6967
定价: 32.00元

国外油气勘探开发新进展丛书（七）

书号：7533
定价：65.00元

书号：7802
定价：110.00元

书号：7555
定价：60.00元

书号：7290
定价：98.00元

书号：7088
定价：120.00元

书号：7690
定价：93.00元

国外油气勘探开发新进展丛书（八）

书号：7446
定价：38.00元

书号：8065
定价：98.00元

书号：8356
定价：98.00元

书号：8092
定价：38.00元

书号：8804
定价：38.00元

书号：9483
定价：140.00元

国外油气勘探开发新进展丛书（九）

书号：8351
定价：68.00元

书号：8782
定价：180.00元

书号：8336
定价：80.00元

书号：8899
定价：150.00元

书号：9013
定价：160.00元

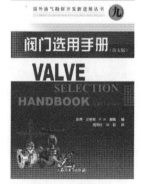

书号：7634
定价：65.00元

国外油气勘探开发新进展丛书（十）

书号：9009
定价：110.00元

书号：9989
定价：110.00元

书号：9574
定价：80.00元

书号：9024
定价：96.00元

书号：9322
定价：96.00元

书号：9576
定价：96.00元

国外油气勘探开发新进展丛书（十一）

书号：0042
定价：120.00元

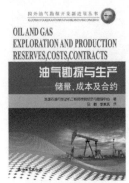

书号：9943
定价：75.00元

书号：0732
定价：75.00元

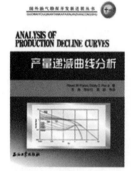

书号：0916
定价：80.00元

书号：0867
定价：65.00元

书号：0732
定价：75.00元

国外油气勘探开发新进展丛书（十二）

书号：0661
定价：80.00元

书号：0870
定价：116.00元

书号：0851
定价：120.00元

书号：1172
定价：120.00元

书号：0958
定价：66.00元

书号：1529
定价：66.00元

国外油气勘探开发新进展丛书（十三）

书号：1046
定价：158.00元

书号：1167
定价：165.00元

书号：1645
定价：70.00元

书号：1259
定价：60.00元

书号：1875
定价：158.00元

书号：1477
定价：256.00元

国外油气勘探开发新进展丛书（十四）

书号：1456
定价：128.00元

书号：1855
定价：60.00元

书号：1874
定价：280.00元

书号：2857
定价：80.00元

书号：2362
定价：76.00元

国外油气勘探开发新进展丛书（十五）

书号：3053
定价：260.00元

书号：3682
定价：180.00元

书号：2216
定价：180.00元

书号：3052
定价：260.00元

书号：2703
定价：280.00元

书号：2419
定价：300.00元

国外油气勘探开发新进展丛书（十六）

书号：2274
定价：68.00元

书号：2428
定价：168.00元

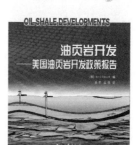

书号：1979
定价：65.00元

书号：3450
定价：280.00元

书号：3384
定价：168.00元

国外油气勘探开发新进展丛书（十七）

书号：2862
定价：160.00元

书号：3081
定价：86.00元

书号：3514
定价：96.00元

书号：3512
定价：298.00元

书号：3980
定价：220.00元

国外油气勘探开发新进展丛书（十八）

书号：3702
定价：75.00元

书号：3734
定价：200.00元

书号：3693
定价：48.00元

书号：3513
定价：278.00元

书号：3772
定价：80.00元

书号：3792
定价：68.00元

国外油气勘探开发新进展丛书（十九）

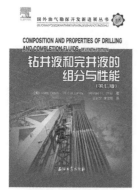

书号：3834
定价：200.00元

书号：3991
定价：180.00元

书号：3988
定价：96.00元

书号：3979
定价：120.00元

书号：4043
定价：100.00元

书号：4259
定价：150.00元

国外油气勘探开发新进展丛书（二十）

书号：4071
定价：160.00元

书号：4192
定价：75.00元

国外油气勘探开发新进展丛书(二十一)

书号：4005
定价：150.00元

书号：4013
定价：45.00元

书号：4075
定价：100.00元

书号：4008
定价：130.00元

国外油气勘探开发新进展丛书(二十二)

书号：4296
定价：220.00元

书号：4324
定价：150.00元

书号：4399
定价：100.00元